现代畜牧兽医

科技发展与应用研究

唐燕花　费中杰　马丽娜◎主编

中国商业出版社

图书在版编目（CIP）数据

现代畜牧兽医科技发展与应用研究 / 唐燕花，费中杰，马丽娜主编. -- 北京 : 中国商业出版社，2025. 5.

ISBN 978-7-5208-3408-7

Ⅰ. S8

中国国家版本馆CIP数据核字第20251UX148号

责任编辑：郑　静

策划编辑：武维胜

中国商业出版社出版发行

（www.zgsycb.com　100053　北京广安门内报国寺 1 号）

总编室：010-63180647　编辑室：010-83128926

发行部：010-83120835/8286

新华书店经销

武汉市卓源印务有限公司印刷

*

710 毫米 ×1000 毫米　16 开　7.75 印张　120 千字

2025 年 5 月第 1 版　2025 年 5 月第 1 次印刷

定价：68.00 元

****

前　言

作为农业大国，我国十分重视畜牧业的发展。新型畜牧兽医不仅可以运用现代科技医疗设施，对动物的身体健康状况进行实时检测，还可以运用注射或输液等方式，为动物补充营养物质，帮助动物快速恢复生理机能和健康。

现代畜牧科学技术在促进传统畜牧业向现代畜牧业转变中发挥了重要作用，畜牧科学为提高我国人民的生活水平、增强体质等作出了巨大贡献。本书对兽医临床诊断、兽医实验室检验、兽医临床治疗、动物病原微生物检验的最新技术与发展等方面进行了总结，并深入探讨了动物病原微生物的检验技术，同时，对畜牧繁殖与人工授精技术的发展进行研究。本书结合了我们多年的教学、科研、生产经验，力求反映畜牧兽医的最新研究动态和发展水平。

在以往的动物治疗中，传统的畜牧兽医主要依靠药品进行治疗，如今科技和信息的高速发展，为我国畜牧兽医带来了更加便利的条件，传统畜牧兽医要不断学习先进的动物育种技术和兽医技术，并以此为契机，把我国畜牧业推向新的高度。畜牧兽医新技术的逐渐普及和应用，为畜牧兽医领域提供了新的可能性和发展机遇。未来，这些新技术在畜禽养殖、品种改良和疾病防控方面的发展前景将更加广阔。

目录

CONTENTS

第一章　兽医临床诊断技术

第一节　动物的接近与保定

一、动物的接近

兽医在给动物做临床诊断前，首先需要接近动物。不同种类的动物有不同的特点和习性，兽医应根据生病动物的种类、个体特性和诊治目的，采取安全可靠、简便易行的方法接近动物。兽医需要提前了解动物的性格，不粗暴对待动物的同时也要注意保护自身安全。以下是常用的几类接近普通家畜的方法。

接近牛的方法。轻轻呼唤牛，从其正前方或正后方接近。

接近羊、猪的方法。从前方接近时抓住羊角或猪耳，从后方接近时抓住尾部；对于卧地的动物可在其腹部轻轻抓痒，使其安静后再进行检查。

接近犬、猫的方法。在主人或饲养人员的协助下，轻轻呼唤犬、猫的名字，从其前方或前侧方接近，以温柔的方式轻轻抚摸其额头部、颈部、胸腰两侧及背部，然后进行检查和治疗。

接近马的方法。从左前方或侧后方接近。

接近动物前应事先向动物的主人或有关人员了解动物有无恶癖，以做到心中有数，提前防范。

检查者应熟悉各种动物的习性，特别是异常表现（如牛低头凝视、前肢刨地；犬、猫龇牙咧嘴、号叫等），以便及时采取相应措施。

应首先用温和的声音与动物打招呼，然后再缓缓向动物接近。

接近后，可用手轻轻抚摸动物的颈侧或臀部，待其安静后，再进行检查；对猪，在其腹下部用手轻轻搔痒，使其静立或卧下，然后再进行检查。

检查大型动物时，应将一只手放于动物的肩部或髋关节部，一旦动物有剧烈骚动或抵抗行为，即可作为支点迅速向对侧推动离开。

在接近被检动物前，应了解其发病前后的临床表现，初步估计病情，防止感染人畜共患传染病。

二、动物的保定

动物在接触生人或环境改变时，往往惊恐不安，为了顺利进行临床诊疗，必须对动物施以适当的人为控制，以保障人与动物安全。临床检查应在自然状态下进行，特殊需要时，要视动物个体情况采取一些必要的保定措施。①兽医应根据不同类型动物的习性及诊断要求，正确选择保定方法并熟练操作。在保定过程中，兽医需要保护动物安全，不粗暴对待动物，同时还要保护自身安全，不被动物咬伤，此外还要珍惜保定工具。

（一）牛的保定

（1）徒手保定法

一只手握牛角基部，另一只手提鼻绳、鼻环或用拇指与食指、中指捏住鼻中隔即可固定。此法适用于一般检查、灌药及肌肉、静脉注射等。

（2）鼻钳保定法

鼻钳经两鼻孔夹紧鼻中隔，用手握持钳柄加以固定。此法适用于一般检查、灌药及肌肉、静脉注射等。

（3）两后肢保定法

取 2m 长粗绳一条，对折成等长两段，在踝关节上方将两后肢胫部围住，然后将绳的一端穿过折转处向一侧拉紧。此法适用于性情暴躁牛的一般检查、静脉注射及乳房、子宫、阴道疾病的治疗等。

（4）角根保定法

主要是对有角动物的特殊保定方法。保定时将牛头略微抬高，紧贴柱干（或树干），并使牛头向该侧偏斜，使牛角和柱干（树干）卡紧，用绳将牛角呈“8”字形缠绕在柱干（树干）上。操作时用长绳一端，先缠于一侧角，绳的另一端缠绕对侧角，然后将该绳绑在柱干（树干）上，缠绕数次以固定头部。

（5）倒卧保定法

背腰缠绕倒牛法。在绳的一端做一个较大的活绳圈，套在两角基部，将绳沿

① 武俊海．犬的保定与防护 [J]. 江西畜牧兽医杂志，2010（2）：34-36.

非卧侧颈部外面和躯干上部向后牵引，在肩胛后角处环胸绕一圈做成第一绳套，继而向后引至肷部，再环腹一周做成第二绳套。由两人慢慢向后拉紧绳的游离端，由另一人把持牛角，使牛头向下倾斜，牛即蜷腿而缓慢倒卧。牛倒卧后，要固定好头部，不能放松绳端，否则牛易站起。一般情况下，不需捆绑四肢，必要时再行固定。

拉提前肢倒牛法。取约 10m 长圆绳一条，对折成长、短两段，于折转处做一套结并套于左前肢系部，将短绳一端经胸下至右侧并绕过背部再返回左侧，由一人向后拉绳，另将长绳引至左髋关节前方并经腰部返回缠一周，打结，再引向后方，由两人牵引。令牛前行一步，正当其抬举左前肢的瞬间，三人同时用力拉紧绳索，牛即先跪下而后倒卧；此时，一人迅速固定牛头，一人固定牛的后躯，一人迅速将缠在牛腰部的绳套后拉，并使其滑至两后肢跖部拉紧，最后将两后肢与前肢捆扎在一起。

牛的倒卧保定主要适用于去势及其他外科手术等。

（二）马的保定

1. 徒手保定法

徒手保定法是通过手与马身体特定部位的接触，利用力学支点和动物行为学原理控制其活动。

（1）耳夹保定法

一手快速抓住马耳并向上轻提，另一手将耳夹（金属或塑料制）夹紧于马耳根部，保持握持力度防止脱落。适用于短时间检查（如眼、鼻、口腔检查）或肌肉注射，尤其对性情温顺的马效果较好。要避免过度用力夹伤马耳部，防止马受惊后剧烈甩头导致耳夹飞出。

（2）鼻捻子保定法

将鼻捻子绳套套于左手，右手抓住笼头，左手从鼻背滑至马的上唇后迅速握紧，顺势将绳套套在上唇并拧紧把柄，使马因唇部疼痛而安静。适用于需要马保持头部稳定的操作，如静脉采血、灌药等。要避免绳套过紧导致马唇部损伤，操作时需贴近马体，防止被踢伤。

2. 器械保定法

器械保定法是借助专用器械（如笼头、保定架、耳夹等）固定马的身体部位，提供更可靠的约束。

（1）笼头保定法

给马佩戴专用笼头，通过牵引缰绳控制其移动方向，必要时将缰绳系于固定桩或保定架上。适用于日常管理、遛马或引导马进入诊疗区域，是最基础的保定方法。确保笼头尺寸合适，避免压迫马的面部神经；系绳时采用“活结”，以便紧急情况下快速解开。

（2）保定架保定法

将马引导至保定架内，通过两侧栏杆、胸带、腹带及肩带固定其身体，限制其左右移动和后退。适用于较长时间的诊疗操作，如修蹄、外科手术、直肠检查等。检查保定架各部件是否牢固，避免马在架内挣扎导致碰撞受伤；操作中需有人在旁看护，观察马的反应。

3. 绳索保定法

绳索保定法是利用绳索的力学作用固定马的四肢或身体，分为单肢保定和多肢保定，适用于需要限制四肢活动的场景。

（1）前肢保定法

徒手提举法。保定者站于马前肢侧面，一手抵于髻甲部作为支点，另一手握住掌部，轻推马体并提起前肢，将腕关节屈曲后抵于膝部固定。

绳索提举法。用绳系于系部，绳端经髻甲绕至对侧，由助手牵拉使前肢离地，适用于蹄部修剪或创伤处理。

适用于蹄病诊断、蹄铁安装、前肢静脉注射等。

（2）后肢保定法

徒手提举法。从马后方接近，一手抓住尾根或抵于髋结节，另一手握住跖部，将后肢向后上方托起，以膝部支撑系关节固定。

绳索提举法。用圆绳在胫部打活结，移至系部收紧后，绳端经胸下绕至颈部固定，使后肢向前提起。

适用于直肠检查、阴道疾病诊治、后肢外伤处理等。

（3）四肢固定法

使用绳索将马的四肢分别固定于保定架的四个角，或通过“五花绑法”（绳索交叉缠绕胸腹部及四肢）限制全身活动。

适用于全身麻醉前准备、大型手术（如疝修补术）或需要马躺卧的操作。

要避免绳索勒伤皮肤，尤其在关节和肋骨部位需垫衬垫；躺卧保定时间不宜过长，防止压迫性损伤。

（三）猪的保定

对性情温驯的猪无须保定，可就地利用墙根、墙角等自然条件由其后方或侧方缓缓接近，即可实施诊疗。对性情凶暴、骚动不安的猪，用适当的保定方法。

（1）站立保定法

对单个病猪进行检查时，可迅速抓提猪尾、猪耳或后肢，然后根据需要做进一步的保定。亦可用绳的一端做一个活套或用鼻捻棒绳套，自鼻部下滑，套入上颌犬齿并勒紧或向一侧捻紧即可固定。此法适用于检查体温、肌肉注射、灌药及一般临床检查等。

（2）提举保定法

抓住猪的两耳迅速提举，使猪腹面朝前，并以膝部夹住胸部；也可抓住两后肢关节并将其后肢提起，夹住背部而固定。抓耳提举适用于经口插入胃管或气管注射，后肢提举则适用于腹腔注射及阴囊疝手术等。

（3）网架保定法

取两根较坚固的木棒（长 100 ~ 150cm），按 60 ~ 75mm 的宽度，用绳织成网床。将网架放于地上，把猪赶至网架上，随即抬起网架，使猪的四肢落入网孔，并离开地面即可保定。此法主要用于一般临床检查、耳静脉注射及针刺等。

（4）保定架保定法

将猪放于特制的活动保定架或适宜的木槽内，使其呈仰卧姿势，然后固定四肢或行背位保定。此法适用于前腔静脉注射、腹部手术及一般临床检查等。

（四）羊的保定

（1）站立保定法

保定者两只手握住羊的两角或两耳，骑跨羊身，以大腿内侧夹持羊两侧胸壁即可保定。此法适用于一般临床检查或简单治疗。

（2）倒卧保定法

保定者俯身从对侧一只手抓住两前肢系部或抓住前肢臂部，另一只手抓住羊腹肋部靠近膝关节的位置，用力扳倒羊体，然后改抓两跖骨，前后一起按住。此法适用于治疗或简单手术等。

第二节　临床检查的基本方法

一、检查的基本方法

（一）目标

主要包括知识、技能、素质三个方面。

1. 知识

了解临床诊断的基本程序；掌握问诊、视诊、触诊、叩诊、听诊、嗅诊的方法及注意事项。

2. 技能

能按照操作规程熟练进行一般临床检查，并获取有价值的诊断信息。

3. 素质

能有条理地、全面地进行检查；语言要通俗，态度要和蔼，以便得到很好的配合；正确、温柔地进行检查。

（二）实施

为了发现和收集作为诊断依据的症状和资料，需对患病动物进行客观检查。以诊断为目的，应用于临床实际的各种检查方法，称为临床检查法。临床检查法主要包括问诊、视诊、触诊、叩诊、听诊和嗅诊。

1. 问诊

问诊是向畜主或饲养人员调查、了解病畜或畜群发病情况和经过。

（1）方法

问诊采用交谈和启发式询问方法。一般在着手检查病畜之前进行，也可边检查边询问，以便尽可能全面地了解动物发病情况及经过。

（2）内容

问诊内容主要包括现病史、动物的来源及饲养期限、发病时间、病后表现等。

现病史。指本次发病情况及经过。

动物的来源及饲养期限：若是刚从外地购回者，应考虑是否带来传染病、地方病或由应激所致。

发病时间。包括饲前或喂后、使役中或休息时、舍饲或放牧中、清晨或夜间、产前或产后等，以估计致病的可能原因。

病后表现。主要包括病畜的饮食欲，是否呕吐及呕吐物性状，精神状态，排粪、排尿状态及粪、尿性状变化，有无咳嗽、气喘、流鼻液、腹痛不安、跛行表现，奶牛和奶山羊要考虑泌乳量和乳汁物理性状有无改变等，可作为确定检查的方向和重点参考依据。

发病经过及诊治情况。目前与开始发病时疾病程度的比较；症状的变化，如又出现了什么新的症状或原有的什么症状消失；病后是否进行过治疗，用何药物及效果如何，曾诊断为何病；从开始发病到现时病情有何变化等，借以推断病势进展，也可作为确定诊断和用药的参考。

畜主所能估计到的发病原因。如饲喂不当、使役过度、受凉、被其他外因所致伤等。

畜群发病情况。同群或附近地区有无类似疾病的发生或流行，从而推断是否为传染病、寄生虫病、营养缺乏或代谢障碍病、中毒病等。

以往发病情况。该动物过去有无类似疾病的发生，诊断结果如何，用药情况及效果如何。对于普通病，动物往往易复发或习惯性发生，如果有类似疾病的发生，对诊断和治疗大有帮助。

疾病预防情况。是否发生过流行病，如何治疗；免疫接种的疫苗种类、生产厂家、接种日期和方法、免疫程序等，周边同种动物的接种情况。通过对疾病预防情况的了解，可以掌握该动物对某种或某些流行病的免疫能力，避免误诊。

饲养管理、使役情况。重点了解饲料的种类、数量、质量、配方、加工情况和饲喂制度，以及畜舍卫生和环境条件、使役情况、生产性能等。

饲料日粮的种类、数量、质量和饲喂制度与方法。饲料品质不良与日粮配合不当经常是营养不良、代谢性疾病发生的根本原因。例如，饲料中缺乏钙、磷或钙、磷比例失调常常是奶牛骨质软化症的发病原因；长期饲喂劣质粗硬难以消化的草料，常常引起奶牛前胃弛缓或其他前胃疾病；饲喂发霉、变质或保管不当而混入毒物，加工或调制方法失误的饲料，有造成饲料中毒的可能；在放牧条件下，应重点了解牧地与牧草的组成情况；饲料与饲养制度的突然改变，又常常引起牛的前胃疾病、猪的便秘与下痢等。[①]

畜舍卫生和环境条件。光照，湿度，通风，保暖，废物排除，设备，畜床与垫草、畜栏设置，运动场、牧场情况，以及附近“三废”（废气、废水及废渣）的污染和处理情况。

动物使役情况及生产性能。对动物过度使役或运动不足等，也可能是致病因素。如短期休息后剧烈运动可促进肌红蛋白尿的发生；奶牛产后立即过度取乳汁易发生产后瘫痪；运动不足可诱发多种疾病。

由此可见，问诊的内容十分广泛，要根据病畜的具体情况适当加以选择和增减。问诊的顺序也应依实际情况灵活掌握，可先问诊后检查，也可边检查边询问。

2. 视诊

视诊是通过肉眼或借助于简单器械（如额镜等）观察动物的各种外在表现来判断动物是否正常。视诊时，要结合问诊得到的线索有目的、有重点地进行。

（1）方法

个体视诊。检查者一般应与病畜保持 2 ~ 3m 的距离，先观察全貌，而后由前向后、从左到右，依次观察病畜的头、颈、胸、腹、脊柱、四肢。当观察到正后方时，应注意尾、肛门及会阴部，并对照观察两侧胸、腹部及臀部的状态和对称性，再从右侧观察到前方。最后可进行适当牵遛，观察其运步状态。

群体视诊。可深入畜群进行巡视，注意发现精神沉郁、离群呆立或卧地不起、饮食异常、腹泻、咳嗽、喘息及被毛粗乱无光、消瘦衰弱的病畜，并从畜群中挑出做进一步的个体检查。

（2）应用范围

观察其整体状态，如体格大小、发育程度、营养状况、躯体结构、胸腹及肢体的匀称性等。

判断其精神及体态、姿势与运动、行为，如精神沉郁或兴奋、静止时的姿势改变或运动中步态的变化、是否腹痛不安、运步强拘或强迫运动等异常行为。

发现其表皮组织的病变，包括被毛状态、皮肤及黏膜颜色及特性、体表创伤、溃疡、疹疱、肿物等病变的位置、大小、形状及特征。

观察有无某些生理活动异常，如呼吸动作有无喘息、咳嗽；采食、咀嚼、吞

① 王茂森，薄玉琨，李林，等 . 畜牧业产业化经营基本理论与创新发展 [M]. 银川：宁夏人民出版社，2020.

咽、反刍等消化活动有无呕吐、腹泻；排粪、排尿姿势及粪便、尿液数量、性状与混合物等。

检查某些与外界直通的体腔的状况，如口腔、鼻腔、咽喉、阴道等。注意其黏膜的颜色改变及完整性的破坏，并确定其分泌物或排泄物的数量、性状及其混合物。

3. 触诊

触诊是用手或借助探管、探针等检查器具对被检部位组织、器官进行触压和感觉，以判断其有无病理变化。

（1）方法

外部触诊法。分为浅表触诊法和深部触诊法。

浅表触诊法。适用于检查躯体浅表组织器官。按检查目的和对象的不同，可采用不同的手法，如检查皮肤温度、湿度时，将手掌或手背贴于体表，不加按压而轻轻滑动，依次进行感触；检查皮肤弹性或厚度时，用手指捏皱皮肤并提举检查；检查淋巴结等皮下器官的表面状况、移动性、形状、大小、软硬及压痛时，可用手指加压滑推检查。

深部触诊法。从外部检查内脏器官的位置、形状、大小、活动性、内容物及有无压痛。

双手按压触诊法。从病变部位的左右或上下两侧同时用双手加压，逐渐缩短两手之间的距离，以感知小动物或幼畜内脏器官、腹腔肿瘤和积粪团块。如对小动物腹腔双手按压感知有香肠状物体时，可疑为肠套叠；当小动物发生肠阻塞时，可触摸到阻塞的肠段等。

插入触诊法。以并拢的 2 ~ 3 根手指，沿一定部位插入或切入触压，以感知内部器官的性状。此法适用于肝、脾、肾脏的外部触诊检查。

冲击触诊法。用拳或并拢垂直的手指，急促而强力地冲击被检查部位，以感知腹腔深部器官的性状与腹腔积液状态。此法适用于腹腔积液及网胃、瘤胃、皱胃内容物性状的判定。如腹腔积液时，可呈现荡水音或击水音。

内部触诊法。包括大动物的直肠检查以及对食道、尿道等器官的探诊检查。当食道或尿道阻塞时，探管无法进入；当有炎症时，动物则表现敏感不安。

（2）应用范围

触诊一般适用于检查动物体表状态，如皮肤的温度、湿度、弹性、皮下组织状态及浅表淋巴结；检查动物某一部位的感受能力及敏感性，如胸壁、网胃与肾区疼痛反应及各种感觉机能和反射机能；感知某些器官的活动情况，如心搏动、瘤胃蠕动及脉搏；检查腹腔内器官的位置、大小、形状及内容物状态。

（3）触感

由于触诊部位组织、器官的结构特点不同，产生的触感也不一样。

捏粉样感。如压面团样，指压留痕，除去压迫后慢慢复平，是组织中发生浆液浸润或胃肠内容物积滞所致。常见于皮下水肿、瘤胃积食等。

波动感。柔软而有弹性，指压不留痕，进行间歇压迫时有波动感，为组织间有液体潴留的表现。常见于血肿、脓肿、淋巴外渗等。

坚实感。坚实致密，硬度如肝。常见于组织间发生细胞浸润（如蜂窝织炎）或结缔组织增生。

硬固感。感觉坚硬如骨，多见于骨瘤。

气肿感。感觉柔软而稍有弹性，触压见有气体向邻近组织窜动，同时可听到捻发音，为组织间有气体积聚的表现。常见于皮下气肿、气肿疽。

4. 叩诊

叩诊是叩击动物体表某一部位，使之发生振动并产生声音，根据所产生音响的特性来推断被检组织、器官的状态及病理变化。

（1）方法

直接叩诊法。用手指或叩诊槌直接叩击被检部位，以判断病理变化。

间接叩诊法。在被检部位先放一振动能力较强的附加物（如手指或叩诊板等），然后向附加物叩击检查。又可分为指指叩诊法和槌板叩诊法。

指指叩诊法。将左手中指平放于被检部位，右手中指或食指的第二指关节处呈 90° 屈曲，并以腕力垂直叩击平放于体表手指的第二指节处。此法适用于中、小动物的叩诊检查。

槌板叩诊法。通常以左手持叩诊板，平放于被检部位，用右手持叩诊槌，以腕力垂直叩击叩诊板。此法适用于大动物的叩诊检查。

（2）应用范围

叩诊多用于胸、肺部及心脏、鼻旁窦的检查；也用于腹腔器官，如肠臌气和瘤胃臌气的检查。

（3）叩诊音

由于被叩诊部位及其周围组织、器官的弹性、含气量不同，叩诊时常可呈现下列三种基本的叩诊音。

清音。清音是叩击具有较大弹性和含气组织、器官时所产生的比较强大而清晰的音响，如同叩诊正常肺区中部所产生的声音。

浊音。浊音是叩击柔软致密及不含气组织、器官时所产生的一种弱小而浑浊的音响，如同叩诊臀部肌肉时所产生的声音。

鼓音。是一种音调较高、音响较强、振动持续时间较长且规则的声音，类似叩击正常牛瘤胃上 1/3 部位时产生的声响。

三种基本音调之间，可有程度不同的过渡阶段，如清音与浊音之间有半浊音；当肺、胃肠等含气器官的含气量发生病理性改变（如减少或增多）或胸、腹腔出现病理性产物（如积液或积气）时，叩诊音也会发生病理性变化。

5. 听诊

听诊是听取体内某些器官机能活动所产生的声音，借以判断其病理变化。

（1）方法

直接听诊法。在听诊部位先放置听诊布，而后将耳直接贴于被检部位听诊。此法的优点是所得声音真切，但不方便。

间接听诊法。借助于听诊器进行听诊。

（2）应用范围

主要用于心、肺、胃、肠的检查以及咳嗽、磨牙、呻吟、气喘等的检查。

心脏血管系统。主要听取心音，判定心音的频率、强度、性质、节律，以及是否有附加的心杂音。

呼吸系统。主要听取呼吸音，如喉、气管及肺泡呼吸音，附加的如胸膜摩擦音等。

消化系统。主要听取胃肠蠕动音，判定其频率、强度、性质以及当腹腔积液、瘤胃或胃积液时的排水音。

6. 嗅诊

嗅诊是嗅闻、辨别动物呼出气、口腔气味以及病畜排泄物、分泌物及其他病理产物等有无异常气味。来自病畜皮肤、黏膜、呼吸道、胃肠道、呕吐物、排泄物、分泌物、脓液和血液等的气味，根据疾病的不同，其特点和性质也不一样。

例如，病畜呼出气体及鼻液有特殊腐败臭味，多提示呼吸道及肺脏有坏疽性病变；呕吐物出现粪便味，可见于长期剧烈呕吐或肠结石；尿液及呼出气息有烂苹果味，提示牛、羊患有酮尿症；阴道分泌物的化脓、腐败臭味，可见于子宫蓄脓症或胎衣滞留；尿呈浓烈氨味，见于膀胱炎或尿毒症，是尿液在膀胱内被细菌发酵所致；等等。

二、临床诊断的程序

（一）目标

主要包括知识、技能、素质三个方面。

1. 知识

掌握临床诊断的内容及程序。

2. 技能

能对病畜进行正确而详尽的病历记录。

3. 素质

能客观记录检查结果，不夸大、不加工。

（二）实施

1. 病畜登记

病畜登记包括动物种类、品种、性别、年龄、个体特征（如畜名、畜号、毛色、烙印等），以及畜主姓名、住址、联系方式、单位及临诊时间等内容。

2. 病史调查

病史调查包括现病史及既往病史的调查。主要通过问诊进行了解，必要时需深入现场进行流行病学调查。

3. 临床检查

临床检查包括一般检查、系统检查及实验室检验或特殊检查。最后综合分析前述检查结果，建立初步诊断，并拟定治疗方案，予以实施，以验证和充实诊断，直至获得确切的诊断结果。

4. 病历记录及其填写方法

逐日记载体温、脉搏、呼吸次数。

各器官系统症状、变化。

各种辅助、特殊检查结果。

治疗原则、方法、处方、护理，以及改善饲养管理方面的措施。

会诊人员、意见及决定。

三、建立诊断的方法及原则

（一）目标

主要包括知识、技能、素质三个方面。

1. 知识

掌握建立诊断的方法与步骤。

2. 技能

能对病畜进行诊断并得出初步诊断结果。

3. 素质

用辩证唯物主义的观点诊断疾病，始终保持细心、耐心。

（二）实施

1. 症状、诊断及预后

（1）症状

动物患病时，由于受到病原因素的作用，细胞内分子结构发生改变，使组织、器官的形态结构发生变化和机能发生紊乱而呈现出异常表现。

全身症状与局部症状。全身症状一般指动物机体对致病因素的刺激所呈现的全身性反应，如体温升高、脉搏和呼吸加快、精神沉郁、食欲减退等。动物患病后，常在其主要的受害组织或器官表现出明显的局部反应，称为局部症状。如呼吸器官疾病所表现的鼻液、咳嗽、胸部听诊的变化等。

主要症状与次要症状。主要症状是指对疾病诊断有决定意义的症状，如患有心内膜炎时，常表现出心搏动增强、脉搏加快、呼吸困难、大循环瘀血的症状及心内杂音等，其中只有心内杂音才是很有分量的确诊依据，为主要症状，其他的症状，相对来说属于次要症状。

典型症状与示病症状。典型症状是指能反映疾病特征的症状，也就是特殊症状，如大叶性肺炎时肺部叩诊呈现的大片浊音区。示病症状是指据此就能建立诊断的症状，如三尖瓣闭锁不全时的阳性颈静脉波动。

固定症状与偶然症状。在整个疾病过程中必然出现的症状，称为固定症状；而在特殊条件下才能出现的症状，称为偶然症状。如患消化不良，必然出现食欲减退，有舌苔，粪便性状发生改变，这些属于固定症状。只有当十二指肠发生炎症，使胆管开口处黏膜肿胀，阻碍胆汁排出时，才可能发生轻度黄疸，所以，消化不良过程的黄疸表现，就属于偶然症状。

前驱症状与后遗症状。某些疾病的初期阶段，在主要症状尚未出现以前，最早出现的症状，称为前驱症状，或称早期症状，例如，异食癖是幼畜矿物质代谢障碍的先兆。前驱症状的出现，提示某种疾病的可能，特别是对群发病如传染病、代谢病的防治，有更积极和主动的实际意义，例如，在受霉形体肺炎威胁的猪场要注意咳嗽的发生，就是要根据早期症状，及时发现疫情，便于采取防治对策。当原发病已基本恢复，而遗留下的某些不正常现象，称为后遗症状或后遗症，如关节炎治愈后遗留下的关节畸形。

综合症状。在许多疾病发生过程中，有一些症状不是单独孤立地出现，而是有规律地同时或按一定次序出现，把这些症状概括为综合症状，如患有肾脏疾病时的蛋白尿、水肿、高血压、左心室肥大、主动脉第二心音加强及尿毒症等症状，称为肾脏病的综合症状。综合症状大都包括某一疾病主要的、固定的和典型的症状，因此，对疾病诊断和预后的判断具有重要意义。

（2）诊断

诊断就是诊察、认识、判断和鉴别疾病的过程，是对动物的健康状态和疾病所提出的概括性论断。按照诊断所表达的内容不同，可以分为下列几种。

症状学诊断。以主要症状而命名，如贫血、腹泻、便秘等。

病原学诊断。可以阐明致病原因，如猪瘟、维生素 A 缺乏症等。

病理学诊断。以病理变化的特征（肉眼及组织学检查）而命名，如小叶性肺炎、纤维素性坏死性肠炎等。

机能诊断。以症状学诊断为基础，采取特殊方法以证明某一器官的机能状态的诊断，如根据血中酶的活性了解肝脏机能，根据心电图了解心脏机能。

发病学诊断。是阐明发病原理的诊断，如自体免疫性溶血性贫血、过敏性休克等。

治疗性诊断。按设想的疾病进行试验性治疗，如病情好转或得到治愈而终于确诊，称为治疗性诊断。

（3）预后

预后是对病畜所患疾病的发展和可能性结局的推断与估计。一般分为以下几种。

预后良好。动物能完全恢复，保留生产能力。

预后不良。动物可能死亡，或不能完全恢复，生产能力降低或丧失。

预后可疑。由于病情正处在转化阶段，或材料不充分，一时还不能得出肯定结论。

2. 建立诊断的步骤及方法

（1）建立诊断的步骤

收集资料。通过病史调查、一般检查和系统检查，并根据需要进行必要的实验室检验或 X 线检查，系统全面地收集症状和有关发病经过的资料。

综合分析。对所收集到的症状、资料进行综合分析、推理、判断，初步确定病变部位、疾病性质、致病原因及发病机理，建立初步诊断。

验证诊断依据。初步诊断实施防治，根据防治效果来验证诊断，并对诊断给予补充和修改，最后对疾病做出确切诊断。

三者互相联系，相辅相成，缺一不可。其中收集症状是认识疾病的基础，分析症状是建立初步诊断的关键，而实施防治、观察效果则是验证和完善诊断的必由之路。

（2）建立诊断的方法

论证诊断法。根据可以反映某疾病本质的特有症状提出该病的假定诊断，并将实际所具有的症状、资料与假定的疾病加以比较和分析，若大部分主要症状及条件都相符合，所有现象和变化均可用该病予以解释，则这一诊断即可成立。

论证诊断是以丰富而确切的病史、症状资料为基础，但同一疾病的不同类型、程度或时期，所表现的症状不尽相同，而动物的种类、品种、年龄、性别及个体的营养条件和反应能力不一，也会使其呈现的症状发生差异，所以，论证诊断时，不能机械地对照书本或只凭经验而主观臆断，应具体情况具体分析。

鉴别诊断法。根据某一个或某几个主要症状提出一组可能的、相似的且有待区别的疾病，并将它们从病因、症状、发病经过等方面进行分析和比较，采用排除法逐渐排除可能性较小的疾病，最后留下一个或几个可能性较大的疾病，作为初步诊断结果，并根据治疗实践的验证，最后做出确切诊断。

第三节 一般临床检查

一般临床检查是对病畜进行临床诊断的初步阶段。通过检查可以了解病畜全貌，并可发现疾病的某些重要症状，为进一步的系统检查提供线索。其主要应用视诊和触诊的方法进行。检查内容主要包括整体状态观察，被毛及皮肤检查，眼结膜检查，浅表淋巴结检查，体温、脉搏及呼吸数测定等。[①]

一、整体状态观察

（一）目标

主要包括知识、技能、素质三个方面。

1. 知识

掌握整体状态观察的内容及临床意义。

2. 技能

能正确分析整体状态的临床意义与疾病本质的关系并进行初步诊断。

3. 素质

细心、耐心、全面检查；保护自身安全；用辩证唯物主义理论的观点观察动物。

（二）实施

1. 精神状态检查

精神状态检查可根据动物对外界刺激的反应能力及其行为表现而判定。主要观察病畜的行为、面部表现和眼耳动作。健康动物两眼有神，反应敏捷，动作灵活，行为正常。如表现过度兴奋或抑制，则表示中枢神经机能紊乱。

兴奋状态。病畜呈现惊恐不安、前冲后撞、竖耳刨地，甚至攀登饲槽。牛暴眼怒视、不时号叫甚至攻击人畜；猪有时伴有癫痫样动作，主要见于脑及脑膜炎症、日射病与热射病以及某些中毒病等；犬出现典型的狂躁行为是狂犬病的特征。

抑制状态。病畜精神沉郁，重则嗜睡，甚至呈现昏迷状态。沉郁时可见离群

① 王茂森，郭健，逯春香．兽医传染病学研究 [M]. 银川：宁夏人民出版社，2020.

呆立，萎靡不振，头低耳耷，对刺激反应迟钝。猪多表现为独立一隅或钻入垫草；鸡常缩颈闭眼，两翅下垂，主要见于各种热性病、消耗性疾病和衰竭性疾病。

2. 营养状况检查

营养状况检查主要根据肌肉的丰满程度、皮下脂肪的蓄积量及被毛的状态和光泽判定。可将动物的营养分为营养良好、营养不良和营养中等三级。

营养良好。动物肌肉丰满、皮下脂肪充盈，结构匀称、骨不显露、皮肤富有弹性，被毛有光泽。

营养不良。动物消瘦、被毛焦枯杂乱、皮肤松弛缺乏弹性、骨骼轮廓显露明显。常见于消化不良、长期腹泻、代谢障碍，以及结核、鼻疽、肝片形吸虫病等慢性传染病和寄生虫病。

营养中等。表现介于上述两者之间。

3. 姿势与步态

健康动物的自然姿态，各有其不同的特点。如猪食后喜卧，生人接触时即迅速起立；牛站立时常低头，饲喂后四肢集于腹下而伏卧，起立时先起后肢。临床上常见异常姿势有以下几种。

强迫姿势。其特征为头颈平伸、背腰僵硬、四肢僵直、尾根举起，呈典型的木马样姿势，多见于破伤风。

异常站立。如单肢疼痛则患肢提起，不愿负重；两前肢疾病则两后肢极力前伸；两后肢疼痛则两前肢极力后移，以减轻病肢负重，多见于蹄叶炎。风湿症时，四肢常频频交替负重，站立困难。鸡两腿前后叉开，则为马立克氏病的表现。

站立不稳。躯体歪斜，倚靠墙壁站立，常见于脑病或中毒。鸡扭头曲颈，可见于鸡新城疫、维生素 B 缺乏等。

骚动不安。常为腹痛病的特有症状。

异常躺卧。病畜躺卧不能站立，常见于奶牛生产瘫痪、佝偻病的后期、仔猪低血糖病等，后躯瘫痪见于脊髓损伤、肌麻痹等。

运步异常。病畜呈现跛行，常见于四肢病，如蹄病、牛肩胛骨移位、习惯性髌骨脱位，步态不稳多为脑病或中毒，也可见于垂危病畜。

二、被毛及皮肤检查

（一）目标

主要分为知识、技能、素质三个部分。

1. 知识

掌握被毛及皮肤检查的内容与方法及临床意义。

2. 技能

能正确辨别被毛及皮肤的病理变化及临床意义与疾病本质的关系并进行初步诊断。

3. 素质

细心、耐心、全面检查；保护自身安全；不粗暴对待动物。

（二）实施

1. 被毛检查

检查内容与方法。主要采用视诊和触诊，即主要观察毛、羽的清洁、光泽及脱落情况。健康动物的被毛平顺而富有光泽，每年于春、秋两季脱换新毛。

临床意义。被毛松乱、失去光泽、容易脱落，见于营养不良、某些寄生虫病、慢性传染病。局部被毛脱落，可见于湿疹、疥癣、脱毛癣等皮肤病。鸡的啄羽症脱毛，多为代谢紊乱和营养缺乏所致。

2. 皮肤检查

颜色。主要对浅色猪检查有重要意义。猪皮肤上出现小出血点，常见于败血性传染病，如猪瘟。出现较大的红色疹块，见于疹块型猪丹毒。皮肤呈青白或蓝紫色，见于猪亚硝酸盐中毒。仔猪耳尖、鼻盘发绀，常见于仔猪副伤寒和猪繁殖与呼吸综合征。

温度。常用手背触诊，即对猪可检查耳及鼻端；牛、羊检查鼻镜，正常鼻镜发凉，角根基部有温感；禽可检查肉髯及两足。全身皮温增高，常见于发热性疾病，如猪瘟、猪丹毒等；局限性皮温增高是局部炎症的结果。全身皮温降低见于衰竭症、大失血及牛产后瘫痪；局部皮肤发凉，可见于该部水肿或神经麻痹；皮温不均，可见于心力衰竭及虚脱。

湿度。皮肤的湿度与汗腺分泌有关，即除气温过高、湿度过大或运动所致的出汗增多之外，多属于病态。临床上表现为全身性和局部性湿度过大（多汗）。全身性多汗，常见于热性病、日射病与热射病，以及剧痛性疾病、内脏破裂；局部性多汗多为局部病变或神经机能失调的结果。皮肤干燥见于脱水性疾病，如严重腹泻时。

弹性。检查皮肤的弹性时，将颈侧或肩前（小动物在背部）皮肤提起使之呈皱褶状，然后放开，观察其恢复原状的快慢，健康动物提起的皱褶很快恢复。皮肤弹性降低时，皱褶恢复很慢，多见于大失血、脱水、营养不良及疥癣、湿疹等慢性皮肤病。

疱疹。是许多传染病和中毒病的早期症状，对疾病的早期诊断有一定意义，多由毒素刺激或发生变态反应所致。按其发生的原因和形态不同可分为以下几种。

一是斑疹。弥散性皮肤充血和出血的结果，用手指压迫，红色即退的斑疹，称为红斑，见于猪丹毒及日光敏感性疾病；小而呈粒状的红斑，称为蔷薇疹，见于绵羊痘；皮肤上呈现密集的出血性小点，称为红疹，指压红色不退，见于猪瘟及其他有出血性素质的疾病。

二是丘疹。呈圆形的皮肤隆起，由小米粒到豌豆大，乃皮肤乳头层发生浸润所致。

三是水疱。为豌豆大、内含透明浆液性液体的小疱，因内容物性质的不同，可分别呈淡黄色、淡红色或褐色。在口腔黏膜上及蹄裂间的急发性水疱，是牛、羊及猪口蹄疫的特征。患痘病时，水疱是其发病经过的一个阶段，其后转为脓疱。

四是脓疱。为内含脓液的小疱，呈淡黄色或淡绿色。见于痘病、猪瘟及犬瘟热。

五是荨麻疹。皮肤表面散在的瘢痕状隆起，由豌豆大至核桃大，表面平坦，常有剧痒，呈急发急散，不留任何痕迹。常由于接触荨麻而发生，故称荨麻疹。在动物受到昆虫刺螯、突然变换高蛋白性饲料、消化不良，以及上呼吸道感染等时，均可能出现荨麻疹。多由于变态反应引起毛细血管扩张及损伤而发生真皮或表皮水肿。

三、眼结膜检查

（一）目标

主要包括知识、技能、素质三个方面。

1. 知识

掌握眼结膜检查的方法、病理改变及临床意义。

2. 技能

能正确地根据眼结膜的颜色变化对疾病做出初步诊断。

3. 素质

细心、耐心、全面检查；保护自身安全；不粗暴对待动物。

（二）实施

1. 检查方法

检查眼结膜时，首先要着重观察其颜色，其次要注意有无肿胀和分泌物。眼结膜的检查方法因动物种类而不同。

牛眼结膜检查。用一只手握住鼻中隔，并向检查人的方向牵引，另一只手持同侧角，用力向外推，如此使头转向侧方，即可露出眼结膜。也可两手分别握住两角，将头向侧方扭转，进行眼结膜检查，健康牛的眼结膜呈淡粉红色。

猪、羊、犬等中小动物眼结膜检查。用两手的拇指打开上下眼睑进行检查。猪、羊的眼结膜颜色较牛的稍深，并带灰色。犬的眼结膜为淡红色，但很易因兴奋而变为红色。

2. 眼及眼结膜的病理变化

（1）眼睑及分泌物

眼睑肿胀并伴有畏光、流泪，是眼炎或眼结膜炎的特征。轻度的结膜炎症，伴有大量的浆液性眼分泌物，可见于流行性感冒；黄色、黏稠性眼屎，是化脓性结膜炎的标志，常见于某些发热性传染病，如犬瘟热。猪眼大量流泪，可见于流行性感冒。猪眼窝下方有流泪痕迹，应提示传染性萎缩性鼻炎。仔猪眼睑水肿，应注意为水肿病。

（2）眼结膜颜色的病理变化

苍白。这是各种贫血的表现，急速发生苍白的，见于大失血、肝脾破裂等；逐渐苍白的，见于慢性消耗性疾病，如牛、羊肠道寄生虫病，营养性贫血。

潮红。这是血液循环障碍的表现，也见于眼结膜的炎症和外伤。根据潮红的性质，可分为弥漫性潮红和树枝状充血。弥漫性潮红是指整个眼结膜呈均匀潮红，见于各种急性热性传染病、胃肠炎、胃肠性腹痛病等；树枝状充血是由于小血管高度扩张、显著充盈而呈树枝状，常见于脑炎及伴有高度血液回流障碍的心脏病。

黄染。结膜呈不同程度的黄色，主要是由于胆色素代谢障碍，致使血液中胆红素浓度增高，进而渗入组织，以巩膜及瞬膜处较易发现。引起黄疸的原因为肝脏实质的病变，胆管被结石、异物或寄生虫所阻塞，红细胞大量破坏等。

发绀。即结膜呈蓝紫色，主要是血液中还原血红蛋白的绝对值增多所致。见于肺呼吸面积减少和大循环瘀血的疾病，如各型肺炎、心力衰竭、中毒（如亚硝酸盐中毒或药物中毒）等。

出血点或出血斑。结膜呈点状或斑块出血，是血管壁通透性增大所致。

四、浅表淋巴结检查

（一）目标

主要包括知识、技能、素质三个方面。

1. 知识

掌握体表淋巴结检查的内容与方法及临床意义。

2. 技能

能根据淋巴结的病理变化对疾病做出初步诊断。

3. 素质

细心、耐心、全面检查；保护自身安全；不粗暴对待动物。

（二）实施

1. 常检查的浅表淋巴结

由于淋巴结体积较小并深埋在组织中，故在临床上只能检查少数淋巴结。牛，常检查下颌、肩前、膝上及乳房上淋巴结；猪，常检查腹股沟淋巴结。

2. 浅表淋巴结的检查方法

浅表淋巴结主要用触诊和视诊的方法进行检查，必要时采用穿刺检查。主要注意其位置、形态、大小、硬度、敏感性及移动性等。

3. 浅表淋巴结常见病理变化

急性肿胀。淋巴结体积增大，有热痛反应，质地较硬。可见于炭疽、腺疫及牛梨形虫病等。

慢性肿胀。淋巴结多无热痛反应，质地坚硬，表面不平，活动性较差。常见于牛结核病及牛的白血病。

化脓。淋巴结肿胀隆起，皮肤紧张，增温敏感并有波动。

五、体温、脉搏及呼吸数测定

（一）目标

主要包括知识、技能、素质三个方面。

1. 知识

掌握体温、脉搏及呼吸数的测定方法、正常指标及临床意义。

2. 技能

能利用上述生理指标的变化对疾病做出初步诊断。

3. 素质

细心、耐心、全面检查；保护自身安全；不粗暴对待动物；爱惜检查工具。

（二）实施

1. 体温测定

测定部位。动物的体温在直肠内测量，禽类在翅膀下测量，犬也可以在后肢股内侧测定。

测定方法。将体温表用力甩几次，将高水银柱甩到35℃以下，然后将体温表插入肛门或放在翅膀下，3 ~ 5min后取出体温表，读取读数。

年龄、性别、品种、营养及生产性能等对体温的生理变动有一定影响，如一般母畜在妊娠后期体温可稍高；高产乳牛比低产乳牛的体温平均高出0.5 ~ 1.0℃，泌乳盛期更为明显；动物的兴奋、运动与使役，以及采食、咀嚼活动之后，体温会暂时性升高0.1 ~ 0.3℃；体温昼夜的变动一般为晨温较低，午后稍高，其温差变动在1℃之内。

病理变化如下。

体温升高。即体温超出正常标准。

程度变化。根据体温升高的程度可分以下几种。

一是微热。体温升高0.5 ~ 1℃。如感冒等局限性炎症。

二是中热。体温升高1 ~ 2℃。见于呼吸道、消化道一般性炎症及某些亚急性、慢性传染病，如小叶性肺炎、支气管炎、胃肠炎及牛结核、布氏杆菌病。

三是高热。体温升高 2 ～ 3℃。见于急性感染性疾病与广泛性的炎症，如猪瘟、巴氏杆菌病、败血性链球菌病、流行性感冒、大叶性肺炎、急性胸膜炎与腹膜炎。

四是极高热。体温升高 3℃以上。提示某些严重的急性传染病，如猪丹毒、炭疽、脓毒败血症以及日射病与热射病。

五是热型变化。将每日测温结果绘制成热曲线，根据热曲线特点，一般可分为稽留热、弛张热、间歇热、不定型热和双相型热。

六是稽留热。特点是体温升高到一定高度，可持续数天，而且每天的温差变动范围较小，一般不超过 1℃。见于猪瘟、炭疽、大叶性肺炎。

七是弛张热。特点是体温升高后，每天的温差变动范围较大，常超过 1℃，但体温并未降至正常，见于败血症、化脓性疾病、支气管肺炎。

八是间歇热。特点是高热持续一定时间后，体温下降到正常温度，而后又重新升高，如此有规律地交替出现。见于慢性结核病及梨形虫病。

九是不定型热。体温曲线变化无规律，如发热的持续时间长短不定，每天温差变化不等，有时极其有限，有时则波动很大。多见于一些非典型的疾病，如非典型腺癌和渗出性胸膜炎。

十是双相型热。体温升高几日后降至常温，而后又升高。见于犬瘟热、猫瘟。

根据发热病程的长短，发热又可分为急性发热、慢性发热、一时性热。

一是急性发热。一般发热期延续一周至半月，如长达一月有余则为亚急性发热，可见于多种急性传染病。

二是慢性发热。持续数月甚至一年有余，多提示慢性传染病，如结核、猪肺疫。

三是一时性热。又称暂时性热，体温一日内暂时性升高，常见于注射血清、疫苗后的一时性反应，或由于暂时性的消化紊乱。

四是体温降低。即体温低于正常指标，主要见于某些如中枢神经系统疾病、中毒、重度营养不良、严重衰竭症、仔猪低血糖、顽固性下痢，以及各种原因引起的大失血、濒死期的病畜。

发热持续一定阶段之后则进入降热期。依据下降的特点，可分为热的渐退与骤退两种。前者表现为在数天内逐渐下降至正常体温，且病畜的全身状态亦随之逐渐改善而恢复；后者表现为在短期内迅速降至正常体温或正常体温以下。如热骤退的同时，脉搏反而增数且病畜全身状态不见改进甚至恶化，多提示预后不良。

2. 脉搏数测定

测定方法。应用触诊检查动脉脉搏，测定每分钟脉搏的次数，用“次 /min”表示。牛通常检查尾动脉，兽医人员站在牛的正后方，左手抬起尾巴，右手拇指放于尾根背面，用食指与中指贴着尾根腹面进行检查；猪、羊、犬、猫等小动物可在后肢股内侧检查股动脉。

脉搏增数。见于热性病（热性传染病及非传染性疾病）、心脏病（如心脏衰弱、心肌炎、心包炎）、呼吸器官疾病（如大叶性肺炎、小叶性肺炎及胸膜炎）、各型贫血及失血性疾病、剧烈疼痛性疾病，以及某些毒物中毒或药物的影响（如交感神经兴奋剂）。

脉搏减数。主要见于某些脑病（如脑脊髓炎、慢性脑室积水）、中毒（如洋地黄中毒）、胆血症（如胆道阻塞性疾病）及危重濒死病畜。

在正常情况下，动物脉搏数的多少受外界温度、运动及使役、年龄、性别、生产性能等多种因素的影响而有所变动。如外界温度升高、运动及使役、幼龄、母畜、高产乳用动物等脉搏数均有所偏高。

第四节　系统检查

一、心血管系统检查

（一）目标

主要包括知识、技能、素质三个部分。

1. 知识

了解心血管系统检查的目的；熟悉心血管系统检查的内容及方法；掌握心血管系统的临床病理表现及临床意义。

2. 技能

能正确分析心血管系统病理意义与疾病本质的关系并进行初步诊断。

3. 素质

细心、耐心、全面检查；保护自身安全，不被动物踢伤、咬伤；不粗暴对待动物；不盲目判断疾病。

（二）实施

1. 心脏的检查

（1）心搏动的视诊与触诊

心搏动是心室收缩过程中撞击胸壁，引起相应部位的胸壁和被毛振动的一种现象。

心搏动检查方法。对牛等大动物进行视诊时，将其左前肢向前迈半步露出心区进行观察即可。对小动物（猫、狗）进行视诊时，让其仰卧或侧卧露出心区进行观察。检查者位于动物左前方。视诊时，仔细观察左侧肘后心区被毛及胸壁的振动情况；触诊时，检查者一只手（通常是右手）放于动物的髻甲部，用另一只手（通常是左手）的手掌，紧贴于被检动物的左侧肘后心区，感觉胸壁的振动，判定其频率和强度以及心搏动的次数。

健康状况。健康的大动物只能看到相应心区的被毛发生轻微颤动，而在小动物可见相应心区的胸壁发生有节律的跳动。触诊健康大动物有较强的均匀的心搏动，小动物为较弱但均匀的心搏动。

异常心搏动。心搏动增强，触诊时感到心搏动强而有力，并且区域扩大，主要见于热性病初期、心脏病（如心肌炎、心内膜炎、心包炎）代偿期、贫血性疾病及伴有剧烈疼痛的疾病。

心搏动减弱。触诊时感到心搏动力量减弱，并且区域缩小，甚至难以感知，常见于心肌收缩无力的疾病。如心脏病的代谢机能降低、胸壁与心脏之间的介质状态改变，主要包括胸壁水肿、胸膜炎、胸腔积液、慢性肺泡气肿、心包炎等。

搏动移位。向前移位，见于胃扩张、腹水、膈疝；向右移位，见于左侧胸腔积液；向后移位，见于气胸、肺气肿。

心区压痛。触诊心区胸壁的肋间部，可发现动物对触压反应敏感，强压时表现回顾、躲避、呻吟，见于心包炎、胸膜炎。

（2）心音听诊

正常的心音。心音是随同心室的收缩与舒张活动而产生的声音现象。听诊健康动物的心音时，每个心动周期内可听到“咚－嗒”两个相互交替的声音。“咚”是在心室收缩过程中产生的声音，称收缩期心音或第一心音。“嗒”是在心室舒张过程中产生的声音，称舒张期心音或第二心音。此外，在第二心音之后可能还有第三心音，在第一心音之前可能还有第四心音，实际上这两种心音都很难听到，只有在心音图上才能描记出来。

第一心音。主要是由两个房室瓣（二尖瓣、三尖瓣）突然关闭的振动所形成，其次是由心房收缩的振动、半月瓣开放和心脏射血而冲击大动脉管壁引起的振动等形成。第一心音的持续时间较长，音调较低，声音的末尾拖长。

第二心音。主要是由心室舒张时，两个半月瓣突然关闭的振动所形成，其次是由心室舒张时的振动、房室瓣开放和血流的振动等形成。第二心音具有短促、清脆、末尾突然终止等特点。

听诊心音的方法及位置。被检动物呈站立姿势，使其左前肢向前伸出半步，以充分显露心区。最常用的听诊方法是间接听诊。听诊时，检查者戴好听诊器，将听诊器的听头放于心区部位，使之与体壁紧密接触，判断心音的频率、节律、强弱及性质，以及有无心音分裂及心杂音，以此推断心脏的功能。

心音异常。心音是否异常应从频率、强度、性质及节律等方面加以综合考虑。

心音频率的改变。心音频率是指每分钟的心音次数，其病理变化与脉搏病理变化基本相同，引起的原因及意义也基本相同（详见脉搏检查）。

心音强度改变，心音增强。

第一与第二心音同时增强。可见于心肥大或某些心脏病的初期、伴有剧烈的疼痛性的疾病、发热性疾病的初期阶段、轻度的贫血或失血、应用强心剂等引起的代偿机能亢进时。

第一心音增强。可见于大失血、严重的脱水、休克、虚脱等。

第二心音增强。可分为主动脉口的第二心音增强和肺动脉口的第二心音增强。主动脉口的第二心音增强，可见于左心室肥大、肾炎；肺动脉口的第二心音增强，主要见于肺充血或肺炎的初期。

心音减弱。

第一、第二心音同时减弱。见于心肌炎或心肌变性的后期、心脏代偿障碍、渗出性心包炎、渗出性胸膜炎、胸腔积水、重度的胸壁浮肿及肺气肿。

第一心音减弱。单独的第一心音减弱在临诊实际中很少遇到。

第二心音减弱。见于大失血、高度心力衰竭、休克与虚脱、心动过速。

心音性质改变如下。

心音浑浊。心音的性质变化，主要表现为心音的浑浊，即音质低、浑浊甚至含混不清。主要是由于心肌及其瓣膜变性，而使其振动能力发生改变。可见于心肌炎等病的后期以及重度心肌营养不良与心肌变性。高热性病、严重贫血、重度的衰竭症时，因伴有心肌变性变化，因此，多有心音浑浊现象。患某些传染性疾病时，因心肌损害也可致心音浑浊，牛可见于结核、口蹄疫，猪可见于猪瘟、猪肺疫、猪流行性感冒、猪丹毒等。这种现象亦可见于幼畜的白肌病以及某些中毒。

胎心率。第一心音与第二心音的强度、性质相似，第一心音与第二心音之间的间隔时间和第二心音与下一心动周期第一心音之间的间隔时间也基本相等，加上心动过速，听诊时酷似胎儿的心音，故称为胎心率。又因其听起来类似钟摆的“嘀嗒”音，故又称为“钟摆率”。多提示心肌损伤。

奔马调。除第一、第二心音外，又有第三个附加心音连续而来，恰如远处传来的奔马蹄音。其可出现于舒张期（第二心音之后），亦可出现在收缩期前（第一心音之前）。见于心肌炎、心肌硬化或左房室口狭窄。

金属性心音。声音过于清脆而带有金属响声，见于牛的创伤性网胃心包炎、破伤风、邻近心区的肺叶中有空洞（含气性）形成，以及膈疝且脱垂至心区部位的肠段内含有大量气体。

2. 脉管的检查

（1）脉搏检查

脉搏检查主要包括脉搏的频率、性质及节律的检查。

脉搏频率检查多用触诊。各种动物的脉搏检查部位不同，牛在尾中动脉和颌下动脉；猪、羊、犬在股动脉。

脉搏性质检查。脉搏性质又称脉性，包括脉搏的强弱与大小、虚实、软硬及迟速等。脉性的变化，可反映整个心血管系统的机能状态。

脉搏的强弱与大小。脉搏的强弱是指脉搏搏动力量的强弱，其搏动力量强称强脉，搏动力量弱称弱脉。脉搏的大小是指脉搏搏动时脉管壁振幅的大小，其振幅大称大脉，振幅小称小脉。强脉与大脉、弱脉与小脉，通常综合体现，形成强大脉与弱小脉。

一是强大脉。也称洪大脉，是强、大、充实的脉搏。其特点是脉搏冲击检指的力量强，抬举检指的力度大。为心脏收缩力加强，每搏输出量增多，脉管壁振幅增大，收缩压升高，表示脉压增大。可见于热性病初期、心脏肥大及其他原因而致的心脏代偿机能亢进。

二是弱小脉。指弱、小、充盈度不足的脉搏。其特点是脉搏冲击检指的力量弱，抬举检指的力度小。为心脏收缩力减弱，每搏输出量或血液总量减少，脉管壁振幅变小，收缩压下降，表示脉压变小。可见于心脏衰弱及其他重症疾病中、后期。如果脉搏搏动极微弱，甚至不感于手，则为病情重危，表示预后不良，见于心力衰竭及濒死期。

脉搏的虚实。指脉管的充盈度的大小。主要由每搏输出量及血液总量所决定。可用检指加压、放开反复操作，依据脉管内径的大小判定。

一是虚脉。脉管内径小，血液充盈不良，表示血容量不足，可见于大失血及严重脱水。

二是实脉。脉管内径大，血液充盈，为血液总量充足及心脏功能代偿性增强的表示，可见于热性病初期及心脏肥大时。

脉搏的软硬。由脉管壁的紧张度所决定，依据脉管对检指的抵抗力的大小而判定。

一是软脉。检指轻压脉搏即消失，为脉管紧张度降低、脉管弛缓的表示，可见于心力衰竭、长期发热及大失血时。

二是硬脉。又称弦脉，对检指的抵抗力大，表示血管紧张度增高，可见于破伤风、急性肾炎及疼痛性疾病过程中。硬而小的脉又称金线脉，可见于重症腹膜炎、胃肠炎、肠变位。

脉搏的迟速。指动脉内压上升和下降的速度。

一是迟脉。脉搏波形上下变动迟慢，触诊时感到脉搏徐来而慢去。可见于主动脉口狭窄。

二是速脉。又称跳脉，脉搏波形上升及下降快速，触诊时感到脉搏骤来而急去。为主动脉瓣关闭不全的一个特征。

正常情况下，脉搏节律的检查，每次脉搏之间的间隔时间相等、强度一致，称为有节律的脉搏；反之，则称脉搏节律不齐，可呈现脉搏的强弱和大小不均、间隔时间不等，甚至出现间歇，均为病理性表现。脉搏节律不齐是心律不齐的直接后果和反映，其诊断意义与心律不齐相同。

（2）浅在静脉检查

颈静脉外观检查。颈静脉沟处的肿胀、硬结并伴有热痛反应是颈静脉及其周围炎症的特征，多见于静脉注射时消毒不全或刺激性药液（如钙制剂等）渗漏于脉管外。但应注意，在牛的颈部垂皮浮肿较严重时，也可引起颈静脉沟处的肿胀，一般无热痛反应，常见于创伤性心包炎，应以伴有的其他症状而鉴别之。局部的静脉肿胀见于静脉瘤或淋巴瘤。

静脉充盈状态检查。静脉的充盈度常表现为静脉萎陷和过度充盈。

一是静脉萎陷。体表静脉不显露，即使压迫静脉，其远心端也不膨隆，将针头插入静脉内，血液不易流出。这是由于血管衰竭，大量血液淤积在毛细血管，见于休克、严重毒血症。

二是静脉过度充盈。静脉过度充盈分为生理性扩张和病理性扩张两种。

所谓生理性扩张，是指在健康动物中出现生理性静脉扩张，如处于生产高峰期牛的乳静脉。

所谓病理性扩张，是指体表静脉呈明显的扩张或极度膨隆，似绳索状，可视黏膜潮红或发绀，称为病理性扩张。一般见于心功能不全使静脉血液回流发生障碍的疾病（如心包炎、心肌炎、心脏瓣膜病），导致胸膜腔内压升高使静脉血液回流受阻的疾病（如胸腔积液、渗出性胸膜炎、肺气肿、胃肠内容物过度充满而压迫横膈），在静脉栓塞和狭窄时能引起局部的静脉扩张（如局部的静脉炎、静脉曲张）。

二、呼吸系统检查

（一）目标

主要包括知识、技能、素质三个部分。

1. 知识

熟悉呼吸系统检查的内容及方法；掌握呼吸系统的临床病理表现及临床意义。

2. 技能

能根据呼吸系统的病理变化对疾病做出初步诊断。

3. 素质

细心、耐心、全面检查；保护自身安全，不被动物踢伤、咬伤；检查时动作到位，不粗暴；不盲目判断疾病。

（二）实施

1. 呼吸运动检查

动物在呼吸过程中，呼吸器官（如鼻翼）及参与呼吸的辅助器官（如胸壁、腹壁）有节奏地协调运动，称为呼吸运动。呼吸运动的协调性和强度是动物呼吸状态的临床反应。

（1）呼吸方式

判断呼吸方式的依据是呼吸时动物胸壁和腹壁的起伏情况及协调性。

胸腹式呼吸。健康动物的呼吸方式是胸腹式呼吸，即呼吸时胸壁和腹壁自然起伏和强度均匀，有时也称混合式呼吸。但犬正常呼吸时呈胸式呼吸。动物在呼吸困难时也表现为明显的胸腹式呼吸。

胸式呼吸。呼吸时胸壁起伏动作明显，而腹壁运动极弱，表明腹部有疼痛性疾病或腹压升高性疾病，如急性腹膜炎、腹壁损伤、瘤胃嗳气、急性胃扩张、肠胀气及腹腔大量积液等。

腹式呼吸。呼吸时腹壁起伏动作明显，而胸壁活动极为轻微，见于胸部有疼痛性疾病或胸膜腔内压升高性疾病，如急性胸膜炎、胸膜肺炎、胸腔大量积液、肺气肿及肋骨骨折。

（2）呼吸节律

健康动物呼吸时，吸气后紧接着呼气，每次呼吸之后，经过短暂的间歇期，再开始第二次呼吸。吸气与呼气所持续的时间有一定比例，猪为 1 ∶ 1，绵羊为 1 ∶ 1，山羊为 1 ∶ 2.7，牛为 1 ∶ 1.2，犬为 1 ∶ 1.6。如果每次呼吸之间的间歇期的间距相等，这种规律性的呼吸运动称为节律性呼吸。呼吸节律因兴奋、运动、恐惧、喷鼻动作等的影响可发生暂时性的改变。病理性呼吸节律有以下几种。

吸气延长。特征是吸气时间显著延长，表示空气进入呼吸器官的过程受阻，常见于上呼吸道狭窄性疾患，如鼻炎、喉水肿。

呼气延长。特征是呼气时间显著延长，表示肺内气体呼出受阻，常见于细支气管炎、慢性肺气肿等病程。

间断性呼吸。特征是在吸气或呼气过程中，出现吸—停—吸—停，或呼—停—呼—停的多次短暂呼吸现象。常见于细支气管炎、慢性肺气肿、胸膜炎和伴有疼痛的胸腹部疾病，也见于呼吸中枢兴奋性降低时，如脑炎、中毒和濒死期。

陈—施二氏呼吸。特征为呼吸开始逐渐加强、加深、加快直达高峰，然后又逐渐变弱、变浅、变慢，最后呼吸中断数秒乃至 15 ~ 30s 后，又重复上述呼吸方式，如此反复交替，出现波浪式的呼吸节律，又称潮式呼吸。多见于病情严重病例，常见于脑炎、心力衰竭、尿毒症、药物中毒和有毒植物中毒。

毕欧特氏呼吸。特征为数次连续的、深度大致相等的深呼吸和呼吸暂停交替出现。它提示病情比陈—施二氏呼吸更为严重。

库斯茂尔氏呼吸。特征为吸气与呼气均显著延长，发生深而慢的大呼吸，呼吸次数少但不中断，常伴有狭窄音或鼾声等呼吸杂音。这表示呼吸中枢机能衰竭已达晚期，见于濒死期、脑脊髓炎、脑水肿、大失血、尿毒症。

2. 上呼吸道检查

（1）呼出气体检查

呼出气体检查。应注意比较两侧鼻孔呼出气流的强度、温度和气味的检查。

呼出气流的强度检查，可用双手置于两鼻孔前感觉。健康动物两侧鼻孔呼出气流的强度相等。当一侧鼻腔狭窄，另一侧鼻窦肿胀或大量积液时，则患侧鼻孔呼出的气流小于健侧，并常伴有呼吸的狭窄音。当两侧鼻腔同时存在病变时，两侧鼻孔的呼出气流则以病变较重的一侧小于另一侧。

呼出气体的温度检查。健康动物呼出的气体稍有温热感，而呼出气体的温度升高，则见于各种热性病。若呼出气体的温度显著降低，则见于内脏破裂、大失血、严重的脑病和中毒性疾病，以及濒死期病畜。

呼出气体的气味检查。用手将病畜呼出的气体扇向检查者的鼻端而嗅闻。健康动物呼出的气体一般无特殊气味。如呈腐败臭味多提示鼻腔、鼻旁窦、咽喉、气管、肺部等处的腐败性感染，尿臭味见于尿毒症或膀胱破裂，烂苹果味见于酮病。

（2）鼻液检查

鼻液是呼吸道黏膜的分泌物或炎性渗出物。健康动物都有其特殊的排鼻液的方式，如猪、羊等动物均以喷鼻的方式排出鼻液，牛、犬、猫等动物则用舌舔去鼻液，故所有健康动物都看不见其鼻液或仅有少量浆液性鼻液。出现大量鼻液，则为病理现象。鼻液的病理变化，主要包括鼻液的数量和鼻液性质的变化。这些变化对诊断呼吸器官疾病有着重要的参考价值。

鼻液数量检查如下。

多量鼻液。可见于急性鼻炎、急性咽喉炎、肺脓肿破裂、肺坏疽、大叶性肺炎的溶解期、流行性感冒、急性开放性鼻疽、牛肺结核、牛恶性卡他热、犬瘟热、食道阻塞、鼻旁窦炎和喉囊炎。

少量鼻液。常见于呼吸器官轻度炎症或急性炎症初期、慢性呼吸道疾病过程中，以及慢性鼻炎、慢性咽喉炎、慢性气管炎、慢性鼻疽、慢性肺结核。

鼻液量不定。指鼻液的量时多时少，动物自然站立时仅有少量鼻液，而运动、低头、采食、咳嗽时流出多量鼻液，见于鼻旁窦炎和喉囊炎。

鼻液性状的检查。由于炎症性质和病理过程的不同，鼻液可分为浆液性、黏液性、脓性、腐败性和出血性。

浆液性鼻液。特征是清淡如水样，无色透明，有鼻液则掉到地上而不粘在鼻孔周围，这种鼻液的出现表明，有呼吸道卡他性炎症的存在，如急性鼻卡他、流行性感冒初期。

黏液性鼻液。特征是蛋清样或粥状，黏稠张力大，有鼻液时呈棒槌状或线状粘在鼻孔周围或悬吊着，有腥臭味，因混有脱落的上皮细胞和白细胞而呈灰白色，常见于呼吸道卡他性炎症的中期或恢复期，以及慢性呼吸道炎症的过程。

脓性鼻液。特征是黏稠浑浊，呈糊状、似凝乳状，或凝集成块，具有脓味或恶臭味，因其感染的微生物种类不同而呈黄色、灰黄色或黄绿色。这种鼻液为化脓性炎症的特征，常见于化脓性鼻炎、鼻旁窦炎、肺脓肿破裂、羊鼻疽。

腐败性鼻液。特征是污秽不洁，呈灰色或暗褐色，有尸臭味或恶臭味，这是异物性肺炎及肺坏疽的重要特征。

出血性鼻液。这种鼻液因出血的数量和部位不同，颜色也不同。一般带有血丝、凝血块或为全血，表明有鼻黏膜肿瘤、出血性鼻炎等鼻出血现象。粉红色或鲜红色并带有一些小气泡，表明有肺水肿、肺充血或肺出血。在炭疽、出血性败血病、某些中毒症状、猪传染性萎缩性鼻炎时，也有出血性鼻液。

铁锈色鼻液。特征是鼻液为均匀的铁锈色，这是大叶肺炎和传染性胸膜肺炎的特征。

鼻液对称性的检查。一侧性鼻液见于一侧鼻腔、鼻旁窦的炎症，两侧性鼻液见于两侧性鼻腔、鼻旁窦和喉囊以及喉以下部位的炎症过程中。

鼻液中混杂物的检查如下。

气泡。小气泡主要见于肺水肿、肺充血、肺出血、肺气肿、慢性支气管炎。

唾液。鼻液中出现唾液主要见于咽炎、咽麻痹、食管炎、食道阻塞、食道痉挛、食道肿瘤。

饲料碎片或呕吐物。见于吞咽和咽下障碍的疾病，如咽炎、咽麻痹、食管炎、食道阻塞、食道痉挛、食道肿瘤，以及严重的胃肠疾病。

鼻液中的弹力纤维检查。检查弹力纤维时，取黏稠鼻液 2 ~ 3mL 放入试管中，加入等量 10% 氢氧化钠溶液，在酒精灯上边加热边振荡，使鼻液中黏液、脓汁及其他有形成分溶解，而弹力纤维并不溶解。加热煮沸，直到变成均匀一致的溶液后，加 5 倍蒸馏水混合，离心沉淀 5 ~ 10min 后，倾去上清液，取少许沉淀物滴于载玻片上，覆以盖玻片镜检。弹力纤维呈细长弯曲的羊毛状，透明且折光性较强，边缘呈双层轮廓，两端尖锐或分叉，多聚集成乱丝状，亦可单独存在。鼻液中出现弹力纤维，常见于肺坏疽、肺脓肿。

第二章　兽医实验室检验技术

实验室检验主要是运用化学、物理学、生物学等实验室检验技术和方法，对动物的血液、体液、分泌物、排泄物等进行检验，以获得反映机体功能状态、病理变化或病因等的客观资料。将实验室检验的结果与其他各种临床资料进行综合分析，从而对动物疾病做出判断，制定防治措施，判断预后。

实验室检验的目标是对动物临床疾病的诊断、防治及预后提供可靠的客观资料。实验室检验是动物临床诊疗中的一个重要组成部分，是兽医专业基础课与兽医专业临床课的桥梁课程，是临床兽医诊疗技术发展的基础和保证。

实验室检验的内容主要涉及动物血液常规检验，动物尿液理化检验与沉渣检验，胃液和粪便的常规检验，渗出液及漏出液的理化检验，临床免疫学检验，包括免疫功能、临床血清学等的检验，临床病原微生物检验，包括传染病常见的病原检验、细菌耐药性和药敏检验等。

第一节　血液检测

在动物疾病临床诊断中血液检测是疾病诊断过程中重要的辅助手段之一，对判断大部分系统、器官疾病，尤其是造血功能相关的器官疾病具有决定性意义，同时也有助于诊断动物传染病、内外科病、产科病等疾病。[①]

一、血液常规检验

（一）血液标本采集和抗凝

血液标本分为全血、血浆和血清等。全血是由血细胞和血浆组成的，主要用

① 邓宇．动物疫病分子诊断技术 [M]. 成都：四川大学出版社，2013.

于临床血液检验，如血细胞计数、分类和形态学检验。血浆是全血除去血细胞的部分，可分血浆生理和病理性化学成分的测定，主要用于血浆临床生化检验，特别是内分泌激素测定。血清是离体后的血液自然凝固后析出的液体部分，除纤维蛋白原等凝血因子在凝血时消耗外，其他成分与血浆基本相同，适用于多数临床化学和临床免疫学检验。

1. 采血方法

（1）不同类型动物的采血方法

实验小动物（鼠类、兔）的采血。鼠类采血，如需血量较少，可用剪尾采血，即将尾部的毛剪去后消毒，为使尾部血管充盈，可将尾部浸在温水中数分钟后擦干，用剪刀剪去尾尖采血。兔可进行耳静脉采血，即将兔的头部固定，选耳静脉清晰的耳朵，局部剪毛消毒，用手指轻轻摩擦兔耳，使静脉扩张，用连接针头的注射器在耳缘静脉末端刺入血管或将针头逆血流方向刺入耳静脉采血。兔也可心脏取血，即将兔仰卧固定，在第 3 肋间胸骨左缘 3mm 处用注射针垂直刺入心脏，血液随即进入针管。

犬、猫的采血。犬、猫常在后肢外侧小隐静脉和前臂皮下静脉采血。后肢外侧小隐静脉在后肢胫部下 1/3 的外侧浅表皮下，由前侧向后行走。采血前，将犬、猫固定，局部剪毛，并用碘酒消毒皮肤。先在剪毛区近心端用乳胶管扎紧，使静脉充盈，用接有注射器的针头刺静脉，将针头固定，以适当速度抽血。采集前臂皮下静脉或前臂正中静脉血的操作方法基本相同。如需采集颈静脉血，则取侧卧位，局部剪毛消毒，将颈部拉直，头尽量后仰。用左手拇指压住近心端颈静脉入胸部位的皮肤，使颈静脉怒张，右手持接有注射器的针头沿血管平行方向远心端刺入血管。颈静脉在皮下易滑动，针刺时除用左手固定好血管外，刺入要快、准、狠，取血后注意压迫止血。

禽类的采血。禽类通常在翼根或心脏处采血。翼根静脉采血将翅膀展开露出腋窝，将羽毛拔去即可见明显的由翼根进入腋窝的较粗的翼根静脉。然后用碘酒消毒皮肤，采血时用左手拇指、食指压迫此静脉向心端，血管即怒张，右手持接有注射器的针头，由翼根向翅膀方向沿脉平行刺入血管内，即可采血。心脏采血方法是将禽类侧卧位保定，于胸外静脉后方约 1cm 的三角凹陷处垂直刺入，穿透胸壁，阻力减小后继续刺入，感觉有阻力，注射器轻轻摆动时即刺入心脏，徐徐抽出注射器推筒，采集心血 5 ~ 10mL。

马、牛、羊、猪的采血。马、牛、羊多在颈静脉采血。具体方法是在颈部静脉沟的上 1/3 与中 1/3 交界处，局部剪毛消毒，用左手拇指压住近心端颈静脉入胸部位的皮肤，使颈静脉怒张，右手持接有注射器的针头，沿血管平行方向远心端刺入血管。成年猪在耳静脉采血，6 个月以内的猪在前腔静脉采血。猪仰卧位，拉直两前肢使与体中线垂直或使两前肢向后与体中线平行。手持针管，针头斜向后内侧与地面呈 60° ，向右侧或左侧胸前窝刺入，进针 2 ~ 3cm 即可抽出血液。

（2）采血时应注意的事项

选择采血方法取决于检验目的所需血量及动物种类。凡用血量较少的检验，如细胞计数、血红蛋白测定、血液涂片及酶活性微量分析，可刺破组织取毛细血管血。当需血量较多时，可做静脉采血。静脉采血时，若需反复多次，应自远离心脏端开始，以免发生栓塞而影响整条静脉。

采血场所应有充足的光线，室温夏季最好保持在 25 ~ 28℃，冬季为 15 ~ 20℃。采血用具和采血部位一定要事先消毒，采血用注射器和试管必须保持清洁干燥。若需抗凝全血，则应在注射器或试管内预先加入抗凝剂。

2. 抗凝剂

使用全血和血浆检验时，通常需要采集静脉血，且要加抗凝剂，以阻止血液凝固。检验项目不同，所用抗凝剂也不同。实验室常用的抗凝剂有以下几种。

（1）乙二胺四乙酸（EDTA）盐

常用其钠盐（$EDTA-Na_2$）或钾盐（$EDTA-K_2$），能与血液中钙离子结成螯合物，使钙离子不发生作用，从而阻止血液凝固。EDTA 盐对血细胞形态和血小板计数影响很小，可用于多项血液学检验，尤其是血小板计数。

$EDTA-K_2$ 特别适用于全血细胞分析及血细胞比容测定，室温下 6 小时，红细胞体积不变。$EDTA-K_2$ 可影响血小板聚集，不适合做凝血检验和血小板功能检验。一般血细胞计数可用 $EDTA-K_2$ 作为抗凝剂，其 0.1mL 的 1% 溶液可使 5mL 血液不凝固。

（2）草酸盐

常用草酸钠、草酸钾和草酸铵。草酸盐溶解后解离的草酸根离子与血液中的钙离子形成草酸钙沉淀，使钙离子失去凝血功能。

草酸盐抗凝的优点是溶解度好、价格便宜。2mL 草酸盐溶液可使 1mL 血液不凝固。草酸盐对凝血因子 –V 保护功能差，不用于凝血酶原凝血时间的测定；草酸盐与血液中的钙离子形成草酸钙沉淀，影响自动凝血仪的使用。因此，凝血检验选用枸橼酸钠作为抗凝剂更为适宜。

（3）肝素

肝素是生理性抗凝剂，它是一种含硫酸基团的黏多糖。抗凝主要是加强抗凝血酶Ⅲ的作用，从而阻止凝血酶的形成，并有阻止血小板聚集等多种抗凝作用。肝素具有抗凝作用强、不影响血细胞体积、不易溶血等优点。0.5% 肝素溶液 0.1mL 可使 5mL 血液不凝固 [每毫升血液抗凝需要肝素（15 ± 2.5）IU]，所用制剂多为肝素的钠盐或钾盐。除某些因素会干扰凝血机制检验项目外，绝大多数的血液检验项目都可用肝素作为抗凝剂，是红细胞渗透脆性检验的理想抗凝剂。尽管肝素可以保持红细胞的自然形态，但由于其常可引起白细胞聚集，并使血涂片在瑞氏染色时产生蓝色背景，因此，肝素抗凝血不适合血液涂片检验。

（4）枸橼酸盐

作为抗凝剂的枸橼酸盐主要为枸橼酸三钠，它能与血液中的钙离子结合形成螯合物，从而阻止血液凝固。枸橼酸盐在血中的溶解度低，抗凝力不如前几种抗凝剂，多用于临床血液学检验，一般用于红细胞沉降率和凝血功能测定。因其毒性小，所以它也是输血保养液的成分之一。1mL 3.8% 枸橼酸钠溶液可使 9mL 血液不凝固。

（二）血液涂片制备与染色

1. 血液涂片制备

血液涂片用显微镜检验是血液细胞学检验的基本方法，良好的血液涂片和染色是血液形态学检验的前提。一张良好的血液涂片，厚薄适宜，头、体、尾明显，细胞分布均匀，血膜边缘整齐，并留有一定的空隙。制备涂片时，血滴越大、角度越大、推片速度越快，则膜越厚；反之，血涂片越薄。引起血液涂片分布不均的主要原因有涂片边缘不整齐、用力不均匀、载玻片不清洁等。

选取一片边缘光滑平整的载玻片作为推片，用左手拇指与食指、中指夹持一片洁净载玻片，取待检血液一滴，置于其右端，右手持推片置于血滴前方，并轻轻向后移动推片，使之与血滴接触，待血液扩散开后，再以 30° ~ 45° 向前匀速同力推进涂抹，即形成一层血膜，迅速自然风干。所涂血片，血液分布均匀，厚度适当，对光观察呈霓虹色，血膜位于玻片中央，两端留有适当间隙，以便注明畜别、编号及日期，即可染色。

2. 血液涂片染色

为了观察细胞内部结构，识别各种细胞及其异常变化，要对血液涂片进行染色。血液涂片的染色方法有瑞氏染色法、吉姆萨染色法和瑞－姬氏复合染色法。

（1）瑞氏染色法

瑞氏染料是由酸性伊红染料和碱性亚甲蓝染料组成的复合染料。血液涂片染色过程是通过物理的吸附作用和化学的亲和作用将染料导入被染物并存留其内部。各种细胞成分化学性质不同，对各种染料的亲和力也不一样。因此，染色后在同一血片上可以看到各种不同的色彩。例如，血红蛋白、嗜酸性颗粒为碱性蛋白质，与酸性染料伊红结合，被染成红色，称为嗜酸性物质；细胞核蛋白和淋巴细胞胞质为酸性，与碱性染料亚甲蓝结合，被染成紫蓝色或蓝色，称为嗜碱性物质；中性颗粒呈等电状态，与伊红和亚甲蓝均可结合，被染成淡紫红色，称为中性物质。

染色时先用玻璃铅笔在制作好血液涂片的血膜两端各画一条线，以防染液外溢，将血液涂片平放于水平支架上；滴加瑞氏染液涂（目前都采用成品瑞氏染色液）于血液涂片上，直至将血膜盖满；待染色 1 ～ 2min 后，再加入等量磷酸盐缓冲液（pH6.4），并轻轻摇动或用口吹气，使染色液与缓冲液混合均匀，再染色 3 ～ 5min；最后用蒸馏水冲洗血液涂片，待自然干燥或用吸水纸吸干后镜检。染色良好的血片呈樱桃红色。

（2）吉姆萨染色法

吉姆萨染液由天青、伊红组成。吉姆萨染色对细胞核和寄生虫（如疟原虫等）着色较好，结构显示更清晰，而胞质和中性颗粒则染色较差。

吉姆萨染色时先将血涂片用甲醇固定 3 ～ 5min，然后置于新配吉姆萨应用液中。染色 30 ～ 60min 后，取出血液涂片，蒸馏水冲洗，吸干，镜检。染色良好的血片呈玫瑰紫色。

吉姆萨应用液的配制方法为：吉姆萨染粉 0.5g，中性甘油 33.0mL，中性甲醇 33.0mL。首先将吉姆萨染粉置于清洁的研钵中，加入少量甘油，充分研磨；其次加入剩余甘油，在 50 ～ 60℃水溶液中保存 2h，并用玻棒搅拌，使吉姆萨染粉溶解；最后加入甲醇，混合后装入棕色瓶中，保存 1 周后滤过即成原液。染色时取原液 0.5 ～ 1.0mL，加 pH6.8 磷酸盐缓冲液 10.0mL，即为应用液。

（3）瑞－姬氏复合染色法

瑞－姬氏复合染色时先向血液涂片的血膜上滴加染液，经 0.5 ~ 1min 后，加等量缓冲液，混匀，再染色 5 ~ 10min，蒸馏水冲洗，吸干，镜检。

瑞－姬氏染色液的配制方法为：瑞氏染粉 5.0g，吉姆萨染粉 0.5g，甲醇 500mL。将两种染粉置于研钵中加入少量甲醇研磨，倾入棕色瓶中，用剩余甲醇再研磨，最后一并装入瓶中，保存 1 周后过滤即成。

二、血液生化检验

（一）全自动生化分析仪的使用

全自动生化分析仪是一种把生化分析中的取样、加试剂、去干扰、混合、反应、检测、结果处理及清洗等过程中的部分或全部步骤进行自动化操作的仪器。

尺寸与重量。长度 18.4 吋（46.5cm）；宽度 14.3 吋（36.0cm）；高度 7.9 吋（20.0cm）；高度（含生化分析仪专用微量分注器）9.7 吋（2.45cm）；重量 31 磅时（14kg）。

适用动物种类。提供物种特异性及年龄特异性正常参考值。犬，猫，马，牛，禽类（虎皮鹦鹉、葵花鹦鹉、鸡冠鹦鹉、金丝雀、鹦哥、金刚鹦鹉），其他动物（貂、山羊、蜥蜴、骆马、猴、小鼠、猪、兔、大鼠、绵羊、蛇、龟）。

分析时间。在 6min 内可一次自动分析 12 项血液生化，最多 12 项检测（一项 6min，12 项也只需 6min）。

电源需求。使用本产品的电源，并确定已接地。使用保险丝规格为 250v、2A、（5 × 20）mm。

仪器操作环境。温度 19 ~ 27℃。

采血前注意事项。①采血时，应尽量让动物保持情绪平静。选择适当尺寸的针头采血，并且将血液顺畅地放入收集管内，避免凝血或溶血情形发生。情绪躁动可能让动物的血糖明显上升，另外也可能让其他的检验结果上升，包括 ALT、CK、LDH、PHOS、Mg。②禁食。理想情况下，动物在采血前最好能够禁食 5h 以上，但通常要确定动物最后进食的时间有点困难，尤其是对猫而言。进食通常对大部分的血液检查结果影响不大，除非在检验前 5h 之内动物吃了大量的食物。通常受到进食影响检验数值会上升的项目包括 CHOL、GLU、PHOS、TRIG、BUN。

（二）各项指标的临床意义及关联

1. 谷丙转氨酶（ALT）

顾名思义，ALT 是谷氨酸和丙酮酸之间的转氨酶，主要存在于肝脏、心脏和骨骼肌中。肝细胞或某些组织损伤或坏死，都会使血液中的谷丙转氨酶升高，临床上有很多疾病可引起转氨酶异常。ALT 升高的原因有很多，包括急性软组织损伤及严重的创伤，剧烈运动或运动过度，感染性疾病如肺炎、结核等，心脏疾病如心力衰竭、心肌炎等，胆囊炎及应用一些药物等非肝脏因素。所以，临床生化检查见到 ALT 的轻度增高不应只怀疑肝脏问题，还要综合考虑动物病情并全面分析化验单。

ALT 主要大量存在于肝脏细胞的细胞质中，其浓度高于血清的 1000 ~ 3000 倍，故肝细胞的轻度损伤就可使其升高，极其敏感。有资料报道，1% 的肝细胞损伤可造成 ALT 升高一倍。所以，只要肝脏有轻微损伤就能引起 ALT 的明显变化，而因黄疸怀疑早期及中期的肝病，没有 ALT 的升高，诊断是不成立的。ALT 的降低目前未证明其有临床意义。

2. 谷草转氨酶（AST）

AST 存在于各组织细胞中，肌肉组织中含量很高，其中心肌细胞中的含量明显高于肝脏细胞，AST 伴随 CK（肌酸激酶）的明显升高常提示骨骼肌损伤或心脏疾病。此外，能引起 ALT 升高的非肝脏因素均能引起 AST 升高，近有报道称大量食用高动物性脂肪也能引起 ALT 升高。

肝内的 AST 有两种同工酶，分别存在于肝细胞细胞质内（SAST）和肝细胞线粒体内（MAST）。所以，当肝脏轻度损伤时，肝细胞只是细胞质破裂，细胞质中的 ALT 和 SAST 都进入血液，引起血清 ALT 及 AST 同时基本等比例升高。而当肝有严重损伤时，细胞线粒体破裂，MAST 释放入血，此时血清中 AST 值为 SAST 与 MAST 的总和，故 AST 升高的比例要高于 ALT，AST 升高的比例越高，提示肝损伤的程度越重。

3. 总胆红素（TBIL）

TBIL 是直接胆红素和间接胆红素的总和。正常血清中的胆红素基本是源于衰老的红细胞破碎后产生出来的血红蛋白，在肝内经葡糖醛酸化的叫作直接胆红素，未在肝内经葡糖醛酸化的叫作间接胆红素。总胆红素升高的原因包括溶血性疾病、微生物感染引起间接胆红素过多，来不及被肝脏转化为直接胆红素和胆汁而引起单纯因间接胆红素升高导致直接胆红素升高。肝病时，胆红素不能转化为胆汁或因肝细胞肿胀而导致肝内胆汁淤积，引起直接和间接胆红素同时升高，造成肝细胞性黄疸。发生胆囊炎、胆总管阻塞时，胆汁排入十二指肠障碍而引起阻塞性黄疸。

因犬猫被毛长度及皮肤颜色不同，临床一般通过眼结膜、瞬膜和口腔黏膜的颜色观察来判断。一般胆红素水平在 30mmol/L 以下的黄疸不易用肉眼察觉，称为隐性黄疸。怀疑为隐性黄疸时，可通过尿液化验来进行判断。当发生轻度溶血时，肝脏将间接胆红素转化成直接胆红素的能力可在一定范围增强，这时血清胆红素水平不会上升。但在发生中重度溶血时，大量红细胞破碎导致进入血清中的间接胆红素过多，肝脏来不及转化而导致血清总胆红素水平轻中度升高。犬的埃利希氏体、支原体感染，猫的传染性腹膜炎也能引起肝前性黄疸。

肝细胞性黄疸时直接胆红素和间接胆红素均升高。当怀疑发生肝细胞性黄疸时，要结合 ALT、AST、ALP 指标及各项临床症状做出诊断。犬猫的肝脏疾病在一半以上的病例中是不引起黄疸的。肝细胞性黄疸时总胆红素的高低在一定程度上是与肝病的严重程度成正比，当总胆红素值显示为重度黄疸时，如果 ALT、AST 值升高不多，被称为胆酶分离。胆酶分离的原因是肝细胞严重受损，间接胆红素不能被转化，大量胆汁在肝内淤积，而具有活性的肝细胞数量很少，受损后释放的酶也相应减少，往往提示极严重的肝损伤、肝硬化中晚期及肝衰竭。

梗阻性黄疸是指肝细胞具备将间接胆红素结合为直接胆红素及产生胆汁的能力，但胆汁排出受阻，所以，直接胆红素升高，间接胆红素正常或轻度升高。胆结石、寄生虫、肝脏肿瘤、胆囊肿瘤、胰腺肿瘤造成的胆管阻塞及压迫是其主要病因。此时，ALT 一般轻度升高，AST 轻度升高或正常，ALP 明显升高。

总胆红素降低一般提示缺铁性贫血、缺锌或仪器误差。

4. 乳酸脱氢酶（LDH）

LDH 是一种糖酵解酶，几乎存在于所有组织细胞的细胞质内，催化乳酸和丙酮酸的相互转换。在无氧酵解时，使丙酮酸接受由 3– 磷酸甘油醛脱氢酶催化产生的氢，形成乳酸。LDH 由 5 种同工酶组成，同工酶分布有明显的组织特异性，因此，可根据其组织特异性来协助诊断疾病，目前国内兽医临床上还未开展利用电泳法或酶联免疫法测定同工酶。由于 LDH 几乎存在于所有细胞中，且在机体组织中的活性普遍很高，所以，血清 LDH 的增高对任何单一组织或器官都是非特异的，无明确诊断意义。

5. 碱性磷酸酶（ALP）

ALP由6种同工酶组成，广泛存在于机体各组织中，肝、肾、骨骼、肠道、胎盘及某些肿瘤组织内都存在，但主要存在于肝脏和骨骼中。在犬猫幼龄阶段的骨骼发育期、骨折愈合期、妊娠期均可引起ALP轻度的生理性增高。骨软化症、佝偻病、骨质疏松、骨肿瘤、肝脓肿、肝硬化、肝肿瘤、甲亢时，ALP轻至中度增高。肝外胆道阻塞、胆囊疾病、胆汁淤积性肝炎时，肝细胞过度产生ALP，经淋巴道和肝窦进入血液，同时，由于胆汁排泄障碍，反流入血，引起血清ALP明显升高。

在犬猫临床上，ALP升高所提示的临床意义不完全相同：在犬提示肝脏疾病、库欣综合征、糖皮质激素或抗癫痫药物使用；在猫提示糖尿病、胆管炎、胆管性肝炎、肝脂变、甲亢等。在犬甲状腺机能减退时，ALP可能轻度下降。

6. 肌酸激酶（CK）

CK可在体内催化肌酸和磷酸肌酸之间的相互转化，广泛存在于心肌和骨骼肌中，脑、胃肠道、前列腺、肺等组织中也有分布。CK有三种同工酶。在治疗病人时用CK-MB的浓度来诊断心肌疾病，但在兽医临床中尚未开展。兽医临床中CK的明显升高主要提示心肌、骨骼肌或脑组织的病变。

7.y- 谷氨酰转肽酶（GGT）

GGT是将其他氨基酸转化为谷氨酸的酶，广泛分布在机体各组织中，但在肾、胰腺、肝脏中分布较多。CGT轻中度升高提示各种情况的肝炎、脂肪肝、胰腺炎（犬）、胰腺癌、糖皮质激素或巴比妥类药物的使用。GGT重度升高提示胆囊炎、胆道阻塞、胆汁淤积性肝炎引起的阻塞性黄疸，原发和继发性肝癌。GGT高于正常值4倍以上时要考虑肝癌或严重的肝胆感染，尤其在犬。

8. 总蛋白（TP）

TP是指肝脏产生的白蛋白和含量极少的纤维蛋白原，α、β球蛋白，凝血酶原，凝血因子，浆细胞产生的y球蛋白共同组成的复杂混合物。TP的升高常见于各种原因引起的脱水、中毒、休克、慢性感染、淋巴肉瘤、浆细胞瘤等。TP降低主要见于各种原因引起的白蛋白下降。

9. 白蛋白（ALB）

ALB是机体维持血浆胶体渗透压的主要力量，它能转运胆红素、长链脂肪酸、胆汁酸盐、前列腺素、类固醇和部分药物及重金属离子，还具有一定的球蛋白保护作用。ALB 升高主要见于急性重度脱水和休克，但这在临床上并不常见，因为 ALB 的升高引起血浆胶体渗透压升高，扩容的血浆使 ALB 的数值降为正常。ALB 降低分为两种原因。一是合成不足，长期饥饿、营养不良、肠道吸收不良等原因引起的原料不足或严重的肝病导致的 ALB 产生不足或停止；二是过度流失，肾小球病变、蛋白丢失性肠病、大量炎症性胸腹腔渗出均能导致 ALB 的丢失性降低。

第二节　尿液检验

尿液检验一般包括物理检验（尿量、外观颜色、透明度、比重、气味等）、化学检验和尿液沉渣检验。检验结果可用于泌尿系统疾病诊断与疗效判断，其他系统疾病诊断，如糖尿病、急性胰腺炎（尿淀粉酶）、黄疸、溶血、重金属（铅、铋、镉等）中毒，以及用药监督（如庆大霉素、磺胺药、抗肿瘤药等可引起肾脏损伤）。[①]

一、尿液的采集和保存

可通过排尿、压迫膀胱、导尿或膀胱穿刺采集尿液。最好在动物早上第 1 次排尿时直接接取尿样，这是一天中浓度最高的时候，必要时还可进行人工导尿。尿样在送往实验室时，要用干净的且没有化学污染的容器盛装。

（一）尿液采集方法

1. 自然排尿

在动物自然排尿时，中段尿液最好，因为开始的尿流会机械性地把尿道口和阴道或阴茎包皮中的污物冲洗出来。自然排尿是评价血尿时选择的采尿方法，其他方法会在采尿时导致出血而增加红细胞的量。除自然排尿外，还可以诱导动物排尿，如轻抚动物膀胱部位的皮肤，或让动物嗅闻尿迹或氨水气味，均可诱使动物排尿。

① 杨雪楠. 犬尿石症病案分析 [D]. 乌鲁木齐：新疆农业大学，2019.

2. 压迫膀胱排尿

小动物可通过体外压迫排尿。但在泌尿系统外伤时，压迫膀胱会使尿液样品中的红细胞和蛋白质增加。当动物发生尿道阻塞、做膀胱切开术时，不能用压迫膀胱的方式采尿，以免膀胱破裂。

3. 导尿

在无法采集尿液时可用导尿法采集尿液。

4. 膀胱穿刺

膀胱穿刺可以避免尿道口、阴道、阴茎包皮和会阴污染物的污染。但近期有膀胱切开手术史和有严重的膀胱外伤时，不能用该方法进行尿样采集。膀胱穿刺可以使尿样中的非尿道污染物减到最少。其主要缺点是针孔造成的外伤，可能引起医源性的血尿和膀胱穿刺部位尿液进入腹腔。

（二）尿液的保存

对采集到的尿样应尽快分析，如果不能在 30min 内进行尿液分析或送检，应冷藏保存，也可加入适量的防腐剂以防止尿液发酵和分解。但不可在做细菌学检验的尿液中加入防腐剂。常用防腐剂及用量可按尿量加入 0.5% ～ 1% 的甲苯，或按尿量的 1/400 加入硼酸，或每 100mL 尿液加入 3 ～ 4 滴甲醛溶液（做尿中蛋白质和糖检验时不可加）。对冷藏的尿液进行检验时，需要加热至室温。

二、尿液的物理学检验

尿液的物理学检验包括尿的尿量、透明度、尿色、气味和尿比重等。

（一）尿量

健康动物 1 天的排尿量：马 3 ～ 6L；牛 9 ～ 12L；绵羊、山羊 0.5 ～ 1.0L；猪 2 ～ 4L，犬 0.5 ～ 1.0L；猫 0.1 ～ 0.2L。尿量增加，见于肾充血、肾萎缩、饲料中毒、犊牛发作性血色素尿症、急性热病的解热期、渗出液和漏出液等的吸收期，以及犬糖尿病；尿量减少，见于肾瘀血、急性肾炎、心功能不全、发热时渗出液和漏出液的潴留、下痢、发汗和呕吐。

（二）透明度

将尿液盛于试管中，通过光线观察。马、骡的尿正常时浑浊、不透明，其他动物如牛及肉食动物新排出的尿澄清、透明，无沉淀物。马尿若变透明，除因饲喂精料过多或重役外，常为病理现象，如纤维素性骨营养不良。牛和肉食动物的尿变浑浊，常见于肾脏和尿路疾病，是尿液中混入黏液、白细胞、上皮细胞、坏死组织片或细菌的结果。

尿液浑浊要区别其原因：尿液过滤后变透明，是因为尿中含有细胞、管型及各种不溶性盐类；尿液加醋酸产生泡沫而变透明，是因为尿中含有碳酸盐；不产生泡沫而变透明，是因为尿中含有磷酸盐；尿液加热或加碱而变透明，是因为尿中含有尿酸盐；加热不变透明而加稀盐酸变透明，是因为尿中含有草酸盐；尿液在加入乙醚并振摇后变透明，提示为脂肪尿；尿液加 20% 氢氧化钾或氢氧化钠而呈透明胶冻样，是因为尿中混有胆汁；尿液经上述方法处理后仍不透明，是因为尿中含有细菌。

（三）尿色

尿色是由尿中尿胆素的浓度决定的。一般马尿呈黄色、牛尿呈淡黄色、猪尿水样无色、犬尿呈鲜黄色。当尿量增加时，尿色变淡；尿量减少时，尿色变浓。尿液变红而浑浊，见于泌尿系统出血；尿色红而透明，见于溶血性疾病；尿色红褐色，见于肌红蛋白尿；尿色金黄而透明，见于犬的胆红素尿；尿色为乳白色，见于尿内含有大量脓细胞和无机盐类。

注意：内服或注射大黄、安替比林、刚果红等药物，可使尿色变红；使用核黄素和呋喃唑酮可使尿色变黄。

（四）气味

动物尿液中存在挥发性有机酸，具有特殊的气味，在病理状态下常发生改变。尿液有氨臭味，见于膀胱炎或膀胱积尿；尿液有腐败臭味，见于膀胱、尿道溃疡、坏死或化脓性炎症。

（五）尿比重

尿比重检验是将尿振荡后放于密度瓶内或量筒内，如液面有泡沫，用乳头吸管或吸水纸除去，然后将尿比重计小心浸入尿液中，不可与瓶壁相接触；待尿比重计稳定后，读取半月形液面的最低点与尿比重计上相当的刻度。动物尿比重增高，可见于热性病、犬下痢、呕吐、糖尿病、急性肾炎、心脏衰弱及渗出性疾病的渗出期；动物尿比重减低，可见于慢性肾小管性肾炎、酮血病、尿崩症、渗出液的吸收期，以及服用利尿剂之后。

三、尿液的化学检验

尿液是一种化学成分十分复杂而又很不稳定的体液。尿液的化学检验包括酸碱度、蛋白质、糖、脂类及其代谢产物、电解质、酶、激素等的检验。其中，最为常用的有酸碱度、蛋白质、糖等的检验。

（一）酸碱度测定

尿液酸碱度是反映肾脏调节机体内环境体液酸碱平衡能力的重要指标之一，通常简称为尿液酸度。尿液酸度分两种：可滴定酸度和真酸度。前者可用酸碱滴定法进行滴定，相当于尿液酸度总量；后者是指尿液中所有能离解的氢离子浓度，通常用氢离子浓度的负对数 pH 来表示。

1. 检验原理

尿液 pH 由肾脏肾小管泌氢离子作用、可滴定酸的分泌、铵的形成、碳酸氢盐的重吸收等多种因素来决定。尿液中，酸式磷酸盐（Na_2HPO_4）和碱式磷酸盐（NaH_2PO_4 或 K_2HPO_4）的相对含量也起着重要的决定作用。如尿液中，酸式磷酸盐含量多于碱式磷酸盐，尿液偏酸性，pH 降低；如两者几乎相等，则尿液呈中性；反之，碱式磷酸盐含量多于酸式磷酸盐含量，则尿液呈碱性。

2. 检验方法

指示剂法。用 0.4g/L 溴麝香草酚蓝溶液，滴于尿液中，显示黄色为酸性尿，显绿色为中性尿。

试带法。用 pH 广泛试带浸入尿液中，立即取出与标准色板比较测定，用肉眼判断出尿液的 pH，或用仪器判读结果。

滴定法。常用 0.1mol/L 的标准氢氧化钠溶液来标定，将一定量的尿液标本滴定至 pH7.4，然后根据 NaOH 消耗的量求得尿液可滴定酸度。

3. 临床意义

尿液的酸碱度主要取决于动物饲料的性质和运动强度。植物性饲料中所含有机酸盐类和一些碱类物质，在代谢过程中主要形成碱，故在生理状态下草食动物的尿呈碱性反应；肉食动物由于食物中的硫和磷被氧化为硫酸和磷酸，形成酸性盐类，故尿呈酸性反应；杂食动物由于饲料内含有酸性及碱性磷酸盐类而呈两性反应。草食动物的尿液变为酸性，见于牛酮血症、饥饿、大出汗、纤维素性骨营养不良、消耗性疾病及一些热性病。肉食动物尿液变为碱性，或杂食动物的尿液呈强碱性，见于剧烈呕吐、膀胱炎或膀胱尿道组织崩解。

（二）尿液蛋白检验

尿液蛋白检验是尿液化学成分检验中最重要的项目之一。健康动物尿中仅有微量蛋白，绝大部分经肾小管上皮细胞的吞饮作用，被水解成氨基酸后又进入血液循环。因此，其在尿液中含量极少，用一般方法不能检出。相对大分子质量蛋白——肾小管的髓袢升支粗段及肾远曲小管起始部分上皮细胞分泌的糖蛋白及分泌型 IgA 等，其相对分子质量都在 9 万以上，含量极微。正常情况下，下尿路也能分泌少量黏液蛋白进入尿液。相对中分子质量蛋白，正常尿液浓缩后，经免疫电泳证实尿液中还含有相对分子质量为 4 万 ~ 9 万的清蛋白，占尿蛋白总量的 50% 左右。原尿中的这些蛋白质，除了相对小分子质量蛋白几乎全部被肾小管重吸收外，终尿中的其他蛋白质含量也极少，总量不超过 130mg/24h，随机尿中，蛋白质最多也不超过 80mg/L，一般蛋白定性试验常呈阴性。

当尿液中蛋白质超过 150mg/24h 或超过 100mg/L 时，蛋白定性试验呈阳性，即称为蛋白尿。

检验尿中蛋白时，被检尿必须澄清透明。对碱性尿和不透明尿，须经过滤或离心沉淀，或加酸使之透明，如向被检马尿内加入 10% 醋酸而使马尿液酸化透明。尿中检出蛋白质时，还要区分是肾性蛋白尿还是肾外性蛋白尿。肾性蛋白尿见于肾炎、肾病变；肾外性蛋白尿见于膀胱炎和尿道炎。同时，结合临床症状和尿沉渣检验，判定患病部位。此外，发生某些急性热性传染病（如流感、腺疫、传染性胸膜肺炎、猪丹毒、犬瘟热等）、急性中毒、慢性细菌性传染病（如坏疽、结核、副结核）和血孢子虫病时，均可出现蛋白尿。

1. 尿蛋白定性检验

尿蛋白定性检验是蛋白尿的过筛试验过程，检查尿液总蛋白最常用的方法有试带法、煮沸加酸法和磺基水杨酸法。

试带法。根据 pH 指示剂的蛋白误差原理，进行尿蛋白定性或半定量检查。尿蛋白遇溴酚蓝后变色，可根据颜色的深浅大致判定蛋白质含量。各种指示剂都有一定的 pH 变色范围，在缓冲溶液中，其显示的颜色相对较为稳定；蛋白质具有两性离子的电荷性，在溶液中，能被指示剂相反电荷的静电吸引，而生成蛋白指示剂复合物，引起指示剂的进一步电离，从而使其所显示的 pH 颜色发生转变，这种色泽变化的差别与蛋白质的含量成正比。将试带浸入被检尿中，立刻取出，约 30s 后与标准比色板比色，判定结果。

在检验时要注意试带的淡黄色部分不可用手触摸，应干燥密封保存；被检尿应新鲜，胆红素尿、血尿及浓缩尿可影响测定结果；尿液 pH 超过 8 时，可呈假阳性，应加稀醋酸校正 pH 为 5 ～ 7 后测定。

煮沸加酸法。尿蛋白质加热后凝固变性而呈现白色浑浊。加酸可使蛋白质接近其等电点（pH4.7），促使凝固变性的蛋白质进一步沉淀，并溶解消除磷酸盐或碳酸盐所形成白色浑浊，以免干扰结果的判定。

取酸化的澄清尿液 5mL 于试管内（酸性及中性尿无须需酸化，如果浑浊，则静置过滤或离心沉淀，使之透明），将尿液的上部用酒精灯缓慢加热至沸腾。如果煮沸部分的尿液变浑浊而下部未煮沸的尿液不变，则待冷却后，在原为碱性尿样中加 10% 硝酸 1 ～ 2 滴，在原为酸性或中性尿样中加 10% 醋酸 1 ～ 2 滴。如果浑浊物不消失，则证明尿中含有蛋白质；如果浑浊物消失，则其含磷酸盐类、碳酸盐类。

尿样结果判定：不见浑浊为阴性“–”；白色浑浊，不见颗粒状沉淀，为阳性“+”；明显白色颗粒浑浊，但不见絮状沉淀，为阳性“++”；大量絮状浑浊，不见凝块，为阳性“+++”；可见到凝块，有大量絮状沉淀，为阳性“++++”。

磺基水杨酸法。磺基水杨酸是一种生物碱，在酸性条件下磺基水杨酸的磺酸根离子与蛋白质氨基酸阳性离子结合，生成不溶解的蛋白质盐沉淀，尿液中沉淀生成的程度可反映尿液中的蛋白质含量。

取酸化的澄清尿液 5mL 置于试管中，加 5% 磺基水杨酸液数滴或加磺基水杨酸甲醇液（磺基水杨酸 20g 加水至 100mL，再与等量甲醇混合）2 ～ 3 滴，3 ～ 5min 后显白色浑浊，有沉淀为阳性反应，不浑浊为阴性反应。

用磺基水杨酸法检验尿液中的蛋白质含量灵敏度高，但易出现假阳性，最好与煮沸加酸法对照观察。当尿中有尿酸、酮体时，出现轻度浑浊而呈假阳性反应，但此类情况在加热后浑浊即可消失，而蛋白质所生成的浑浊加热后不消失。

尿液蛋白质定性检验的临床意义在于除了应用于肾脏疾病的诊断、治疗观察、预后之外，还可用于全身性疾病及其他疾病的过筛试验。

2. 尿蛋白定量检验

尿蛋白定量检验是临床上常用的检验项目。其检查方法繁多，有沉淀法、比色法、比浊法、染料结合法、免疫测定法和尿蛋白电泳法等。

（1）双缩脲比色法

利用钨酸沉淀尿中的蛋白质，沉淀的蛋白质可复溶于双缩脲试剂中，其碱性的铜离子可与蛋白质中的肽键形成紫色复合物，呈色的深浅与尿中的蛋白质含量成正比。

双缩脲比色法所需的试剂有 0.075mol/L 硫酸，15g/L 钨酸钠溶液，双缩脲试剂（将 1.5g 硫酸铜和 6.0g 酒石酸钠分别溶于 50mL 和 100mL 蒸馏水中，两种溶液混合，加蒸馏水至 700mL，加 100g/L 氢氧化钠 300mL 混匀，静置，使用其上清液），2.5g/L 蛋白标准液（市售），200g/L 磺基水杨酸溶液。

尿蛋白质定量时从 24h 留存尿液（记录总量）中取 10mL 尿液，经 1500r/min 离心或用滤纸过滤。取上层尿液做蛋白定性试验，根据蛋白定性检验结果确定取样本的量。若尿蛋白定性为“+”或“++”，在 10mL 离心管中加尿液 5mL；若为“+++”或“++++”，则在管中加尿液 1mL 和蒸馏水 4mL，加 0.075mol/L 硫酸 2.5mL、15g/L 钨酸钠溶液 2.5mL，充分混合，静置 10min，离心沉淀 5min，弃去上清液，将试管倒置于滤纸上沥干液体，保留沉淀待检验。将沉淀溶于 1mL 测定管中加生理盐水至 1mL 刻度，混合，使沉淀蛋白溶解，即为测定管。混合后，置 37℃水浴 30min，然后在 540nm 波长处比色。以空白管调零，读取样品管和标准管吸光密度，计算尿中蛋白质含量。

（2）丽春红 S 法

原理。尿中的蛋白质与染料丽春红 S 结合后，再被三氯乙酸沉淀，沉淀物溶解于碱性溶液中则显紫色，呈色深浅与蛋白质含量成正比。

试剂。200g/L 磺基水杨酸溶液；三氯乙酸 – 丽春红 S 贮存液 [将 1.0g 丽春红 S 溶于 1000mL 三氯乙酸（300g/L）溶液中]；三氯乙酸 – 丽春红 S 应用液（将三氯乙酸 – 丽春红 S 贮存液用蒸馏水稀释 10 倍）；0.2mol/L 氢氧化钠溶液（氢氧化钠 8.0g 溶于 1000mL 蒸馏水中）；50g/L 蛋白标准液（商品）。

操作方法。检验时首先制作标准曲线，用生理盐水将蛋白标准液原液依次稀释为 200mg/L、400mg/L、600mg/L、800mg/L、1000mg/L、1200mg/L、1400mg/L、1600mg/L 共 8 个标准液，取试管 8 支，加各标准液 100μL，求出相应吸光度值，绘制标准曲线。准确测定 24h 尿量并记录。然后取新鲜尿液标本 10mL 尿液离心后取上清液蛋白质。先用磺基水杨酸对尿液进行尿蛋白定性，按尿蛋白质大致含量调整标本用量，蛋白质< 1g/L，加标本 100μL；1 ~ 3g/L，加标本 50μL（测得值 ×2）；3 ~ 10g/L，加标本 10uL（测得值 ×10）。然后进行尿样染料结合沉淀，取试管 1 支，按上述要求量加入标本，再加三氯乙酸 – 丽春红 S 应用液 1mL，混匀后以 3500r/min 离心 10min。弃去上清液，再以滤纸吸干多余水分。在沉淀物中加入 0.2mol/L 氢氧化钠 2mL，振摇，使沉淀溶解。

测定光密度。以氢氧化钠溶液调零，在 560nm 处比色。在标准曲线上查知尿液蛋白质含量（mg/L），乘以稀释倍数。

四、尿液沉渣显微镜检验

（一）非染色法尿沉渣显微镜检查

1. 原理

采用显微镜观察的方法，根据尿液细胞、管型等有形成分的形态特征，识别并记录其在显微镜一定视野内（或一定体积尿液内）的数量。

2. 操作

未离心直接涂片计数法。将被检样品尿液充分混匀，取混匀的尿液滴于载玻片上，加盖玻片，制成涂片，注意避免产生气泡。先用低倍镜观察全片细胞、管型等成分的分布情况，镜检时，将集光器降低，缩小光圈，使视野稍暗，以便发现无色而屈光力弱的成分（透明管型等），找出需详细检验的区域后，用高倍镜确认计数。注意使用暗视野观察尿液有形成分，特别是透明管型。管型在低倍镜下观察，至少计数 20 个视野；细胞在高倍镜下观察，至少计数 10 个视野，取其平均值报告；结晶按高倍镜视野中分布范围估计报告。计数时要注意细胞的完整性，还要注意有无其他异常巨大细胞、寄生虫虫卵、滴虫、细菌、黏液丝等。

离心沉淀涂片法。适用于尿外观非明显浑浊的尿标本，是尿沉渣检查标准化推行的方法。将被检尿样 10mL 离心沉淀 5min（500r/min）；手持离心管倾斜 45° ~ 90°；用滴管吸去上层尿液，保留下层 0.2mL 尿沉渣；轻轻混匀尿沉渣后，取 1 滴置载玻片上涂片，用 18mm × 18mm 或 22mm × 22mm 的盖玻片覆盖后显微镜检查计数。

3. 报告结果（涂片法）

检查细胞以最低数～最高数/高倍镜视野（HP），管型以最低数～最高数/低倍镜视野（LP）报告。结晶以所占视野面积报告。无结晶为“–”；结晶占1/4视野为“+”；结晶占1/2视野为“++”；结晶占3/4视野为“+++”；结晶满视野为“++++”。如果细胞、管型的数量过多而难以计算，也可按结晶的报告方式报告结果。

（二）染色法尿沉渣显微镜检查

1. 原理

尿沉渣中的有些成分，特别是管型、经甲紫和沙黄2种色素对比染色后，其形态、结构清晰，易于识别，可提高检出率和准确性。

2. 试剂

S–M染色液贮存液：A液是用甲紫3.0g，草酸0.8g，溶于95%（体积分数）乙醇20.0mL、蒸馏水80.0mL中，冷藏保存。B液是用沙黄0.25g溶于95%（体积分数）乙醇10.0mL、蒸馏水100mL中。S–M染色液应用液：A液和B液按3 ∶ 97的比例混合，过滤后贮于棕色瓶（室温下可保存3个月），冷藏保存。

3. 操作方法

取尿液10mL，离心5min（500r/min）；手持离心管45° ～ 90° ，弃去上层液体，保留下层0.2mL；于尿沉渣试管中加入1滴S–M染色液应用液，混匀，静置3min；再轻轻混摇晃，取1滴置载玻片上，用18mm × 18mm或22mm × 22mm的盖玻片覆盖后用显微镜检查。

4. 显微镜检查

先用低倍镜观察细胞、管型等分布情况。细胞在高倍镜视野下至少观察计数10个视野，取其平均值报告；管型在低倍镜视野下至少观察计数20个视野；结晶按高倍镜视野中分布范围估计报告。

5. 报告结果

细胞以最低数～最高数/高倍镜视野（HP）报告；管型以最低数～最高数/低倍镜视野（LP）报告。结晶以所占高倍视野面积报告，无结晶为“–”；结晶占1/4视野为“+”；结晶占1/2视野为“++”；结晶占3/4视野为“+++”；结晶满视野为“++++”。如果细胞、管型的数量过多难以计算，也可按结晶的报告方式报告结果。

第三节　粪便检验

一、粪便的物理学检验

（一）颜色

动物粪便颜色因饲料种类、内服药物及病理情况而不同，鉴别要点如下。

黄褐色：谷草、大黄；含有未经改变的胆红素。

黄绿色：青草、甘汞；含有胆绿素或产色细菌。

灰白色：白陶土；阻塞性黄疸、犊牛白痢、仔猪白痢。

红色：高粱壳、红色甜菜、酚酞；后部肠管或肛门部出血。

黑色：木炭末、煤制剂或铁制剂；前部肠管出血。

（二）气味

健康马、牛、羊的粪便无难闻的臭味，猪、犬的粪臭气味较重。消化不良、胃肠炎时，由于肠内容物的腐败发酵，粪便有酸臭味、腐败臭味，出血多时有腥臭味。

（三）异常混合物

1. 黏液便

正常粪便表面有极薄的黏液层。黏液量增多表示肠管有炎症或排粪迟滞，肠阻塞时黏液往往覆盖整个粪球，并可形成较厚的胶冻样黏液层，类似剥脱的肠黏膜。

2. 伪膜便

随粪便排出的伪膜是由纤维蛋白、上皮细胞和白细胞组成的，常为圆柱状，见于纤维素性肠炎或伪膜性肠炎。

3. 脓汁便

直肠内脓肿破溃时，粪便中混有脓汁。

4. 粗纤维及谷粒

患消化不良及牙齿疾病时，粪便内含有大量粗纤维及未消化的谷粒。

5. 血液便

常见于消化道下部病变，如患各类肠炎、肠结核、猪瘟、犬瘟热、犬细小病毒肠炎、氟化物中毒等疾病的动物粪便中可含有血液。

6. 寄生虫

寄生虫感染的动物粪便中可含有蛔虫、钩虫、绦虫、犬猫的肝片吸虫等虫体、体节或片段。

二、粪便的化学检验

（一）粪便显微镜检查

1. 原理

取动物新鲜粪便与生理盐水混合后制成涂片；将涂片置显微镜下观察其成分变化。

2. 试剂

生理盐水。

3. 操作

制备涂片。取洁净载玻片 1 张，加生理盐水 1 ~ 2 滴，用竹签挑取外观异常的粪便（外观无异常时可以从不同部位取材），与生理盐水混合制成涂片。涂片的面积应占玻片的 2/3，厚度以能透视纸上字迹为佳。

显微镜观察。涂片加盖玻片后，先用低倍镜观察有无寄生虫虫卵、原虫和食物残渣等，再换高倍镜观察血细胞、吞噬细胞、上皮细胞等，并对其数量进行估计。

4. 报告结果

以低倍镜报告寄生虫虫卵、原虫和食物残渣等，如“见到某种虫卵”“粪便中存在较多的植物细胞和纤维素”等。

以每高倍镜视野所见最低值和最高值报告细胞。

5. 注意事项

观察时由上至下、由左至右，避免重复；可多做几张涂片显微镜检查，以提高阳性率；显微镜检查时至少每张涂片观察 10 个视野；必要时可做涂片瑞氏染色后再进行显微镜检查；粪便的细菌鉴定可用革兰氏染色后油镜检查，但确诊仍需通过细菌培养。

（二）粪便隐血试验

1. 原理

血红蛋白中的亚铁血红素与过氧化物酶的结构和功能相似，能够弱化过氧化物酶活性，催化过氧化氢释放新生态氧，将试剂氧化而呈蓝色、蓝褐色等，借以检验出微量的血红蛋白。

2. 试剂

10g/L 邻联甲苯胺冰乙酸溶液。取邻联甲苯胺 1g，溶于冰乙酸和无水乙醇各 50mL 的混合液中，置棕色瓶内，保存在 4℃冰箱内（可用 2 ～ 12 个月，若变为暗色，应重新配制）。

3%（体积分数）过氧化氢。

3. 操作

用竹签挑取新鲜动物粪便标本少许，涂于消毒的载玻片上。

滴加 10g/L 邻联甲苯胺冰乙酸溶液及 3% 过氧化氢试剂各 1 ～ 2 滴于载玻片上。

判断结果：①加入试剂后 2min 仍不显色，为阴性。②加入试剂后 2min 内显色为阳性，其程度分别为：加入试剂 10s 后显浅蓝色渐变蓝色为“+”；加入试剂后显示浅蓝褐色并逐渐加深为“++”；加入试剂后立即显示为蓝褐色为“+++”；加入试剂后立即显蓝黑褐色为“++++”。

4. 临床意义

粪中隐血见于出血性胃肠炎、肠系膜动脉栓塞、创伤性胃炎和犬钩虫病等。

（三）蛋白质检验

1. 原理

利用不同的蛋白质沉淀型，测定粪便中黏蛋白、血清蛋白或核蛋白含量，以判断肠道内炎性渗出的程度。

2. 操作方法

取粪便 3g 于研钵中，加蒸馏水 100mL，适当研磨，使其成 3% 乳状液；取中试管 4 支，编号后放在试管架上。

3. 临床意义

正常动物粪便中蛋白质含量极少，对一般蛋白沉淀剂不呈现明显反应；当胃肠有炎症时,粪便中有血清蛋白和核蛋白渗出,上述蛋白试验可呈现阳性反应。健康动物粪便中没有胆红素，仅有少量粪胆素；发生小肠炎症及溶血性黄疸时，粪中可能出现胆红素，粪胆素也增多；发生阻塞性黄疸时，粪中可能没有粪胆素。

（四）粪便中寄生虫卵的检验

1. 直接涂片检验法

在载玻片上滴一些甘油与水的等量混合液,再用牙签或火柴棍挑取少量粪便，加入其中，混匀，夹去较大或过多的粪渣，使载玻片留上一层均匀粪液，以能透视书报字迹为宜。在粪膜上覆以盖玻片，置显微镜下检验。检验时应有顺序地验遍盖玻片下所有的部分。此方法简单，但如粪便中虫卵数量少时，则不易检验出虫卵。

2. 集卵法

（1）沉淀法

取粪便 5g，加清水 100mL 以上，搅匀，40 ~ 60 目筛过滤，滤液收集于三角烧瓶或烧杯中，静置沉淀 20 ~ 40min；弃去上层液体，保留沉渣，再加水混匀，再沉淀。如此反复操作直到上层液体透明后，吸取沉渣检验。此法特别适用于检验吸虫卵和棘头虫卵，也可离心沉淀后检验。

（2）漂浮法

适于检验线虫卵、绦虫卵和球虫卵囊。取粪便 10g，加饱和食盐水 100mL，混合，通过 60 目筛滤入烧杯中，静置 30min，则虫卵上浮；用直径 5 ~ 10mm 的铁丝圈，与液面平行接触以蘸取表面液膜，抖落于载玻片上检验。或者取粪便 1g，加饱和食盐水 10mL，混匀，筛滤。将滤液注入试管中，补加饱和盐水溶液使试管充满，上覆盖玻片，并使液体与盖玻片接触，其间不留气泡，直立 30min 后，取下盖玻片，覆于载玻片上检验。在检验密度较大的猪后圆线虫卵时，则可先将猪粪按沉淀法操作，取得沉渣后，在沉渣中加入饱和硫酸镁溶液进行漂浮，收集虫卵。

3. 虫卵计数

虫卵计数是指测定动物粪便中的虫卵数，以此推断动物体内某种寄生虫的寄生数量，有时还用于使用驱虫药前后虫卵数量的对比，以检验驱虫效果。虫卵计数受很多因素影响，只能对寄生虫的寄生数量作大致判断。其影响因素首先是虫卵总量不准确，此外寄生虫的年龄、宿主的免疫状态、粪便的浓稠度、雌虫的数量、驱虫药的服用等因素，均可影响虫卵数量和体内虫体数量的比例关系。虽然如此，虫卵计数仍常被作为某种寄生虫感染强度的指标。虫卵计数结果常以每克粪便中卵数表示，简称 epg。

（1）斯陶尔法

取一个小玻璃容器（如三角烧瓶或大试管），在 56mL 和 60mL 容量处各做一标记。先取 0.4% 的氢氧化钠溶液注入容器内到 56mL 标记处，而后加入被检粪便溶液到 60mL 标记处，加入一些玻璃珠，振荡，使粪便完全破碎混匀。用 1mL 吸管取粪液 0.15mL，滴于 2 ~ 3 张载玻片上，覆盖玻片，在显微镜下顺序检验，统计虫卵总数时注意不可遗漏和重复。因 0.15mL 粪液中实际含有粪量是 $0.15 \times 4/60=0.01g$。因此，所得虫卵总数乘以 100 即为每克粪便中的虫卵数。此法适用于大部分蠕虫卵的计数。

（2）麦克马斯特法

本法是将虫卵浮集于一个计数室中计数。计数室由两张载玻片制成，为了使用方便，制作时常将其中一张切去一条，使之较另一张窄一些。在较窄的载玻片上刻以 $1cm^2$ 的区域 2 个，然后选取厚度为 1.5mm 的玻片切成小条垫于两张载玻片间，以环氧树脂黏合。取粪便 2g 于乳钵中，加水 10mL 搅匀，再加饱和食盐水 50mL。混匀后，吸取粪便注入计数室，静置 1 ~ 2min 后，在显微镜下计数 $1cm^2$ 刻度室中的虫卵总数，求 2 个刻度室中虫卵数的平均数，乘以 200 即为每克粪便中的虫卵数。此法只适用于可使用饱和食盐水集卵的各种虫卵。

（3）片形吸虫卵计数法

取动物粪 10g 于 300mL 容量瓶中，加入少量 1.6% 氢氧化钠溶液，静置过夜。次日，将粪块搅碎，再加 1.6% 氢氧化钠溶液到 300mL 刻度处，摇匀，立即吸取此粪液 7.5mL 注入离心管内，1000r/min 离心 2min，弃去上层液体。换加饱和食盐水再次离心，再弃去上层液体，再换加饱和食盐水，如此反复操作，直到上层液体完全清澈为止。弃去上层液体，将沉渣全部分滴于数张载玻片上，检验统计虫卵总数，以检验统计总数乘以 4，即为每克粪便中的片形吸虫卵数。

（4）临床意义

马线虫卵数达到每克粪便中 500 枚为轻度感染，800 ~ 1000 枚为中度感染，1500 ~ 2000 枚为重度感染。羔羊还应考虑感染线虫的种类，每克粪便中含

2000 ~ 6000 枚虫卵为重度感染；含虫卵 1000 枚以上时，即应驱虫。牛每克粪便中含虫卵 300 ~ 600 枚时,即应驱虫。每克粪便中的片形吸虫卵数牛为 100 ~ 200 枚、羊为 300 ~ 600 枚时，即应考虑其致病性。

第四节　穿刺液的检验

一、瘤胃液的检验

反刍动物瘤胃液的检验项目有 pH 的测定和纤毛虫的检验，对反刍动物前胃疾病的诊疗具有重要意义。

（一）瘤胃液的采集

根据需用量,可用投入端侧面有 10 ~ 15 个小孔的胃管并连接吸引器抽取；也可用较粗的针在左肷部刺入瘤胃后，连接注射器吸取瘤胃液。

（二）酸碱度的测定

对采集的瘤胃液可用精密 pH 试纸测定，为了准确，也可用酸度计测定。健康牛、羊瘤胃液 pH 为 6.0 ~ 7.5。由于品种及饲料性质的不同，pH 也有所不同。当瘤胃内容物 pH 降到 5.5 以下或升高到 8.0 以上时，纤毛虫的生存就会受到严重影响，可导致瘤胃内微生物区系发生改变，从而引发反刍动物前胃疾病。

（三）纤毛虫的检验

1. 纤毛虫运动性观察

采得的瘤胃液样品，用 4 层纱布滤过，取一滴置于干净载玻片上，盖上盖玻片，放大 100 ~ 300 倍镜检，以判定纤毛虫运动力的强弱。正常时可见到活泼运动的大量纤毛虫，在病理状态下，纤毛虫数量少而且其运动力明显减弱。

2. 计数纤毛虫量

取经滤过混匀的瘤胃液 10mL，置于小锥形瓶中，加入等量 50% 甲醛溶液，轻轻摇动并反复倒转样品瓶混匀，从中吸取 1.0mL，置于盛有 9.0mL 的 30% 甘油溶液试管内，供计数用。将 1.0mL 被检液充入血细胞计数板，按白细胞计数法计数并计算结果。每毫升瘤胃液中的纤毛虫数 = 每立方毫米被检液中的纤毛虫数 ×1000。

3. 临床意义

健康反刍动物瘤胃液内纤毛虫数量可随饲料种类、季节、采样时间不同而异。在治疗前胃疾病时，纤毛虫数量的变化可作为推断瘤胃消化功能是否恢复的一个指标。

二、浆膜腔积液检验

正常情况下，动物体的胸腔、腹腔和心包腔、关节腔统称为浆膜腔。浆膜腔内仅含有少量液体，起润滑作用，一般采集不到。病理情况下，浆膜腔内有大量液体潴留而形成浆膜液。因积液部位不同而分为胸腔积液（胸水）、腹腔积液（腹水）、心包腔积液、关节腔积液。根据产生的原因及性质不同，浆膜腔积液分为漏出液和渗出液。①

漏出液是指通过毛细血管滤出并在组织间隙或浆膜腔内积聚的非炎症性组织液，多为双侧性。常见的发生原因和机制有：①毛细血管流体静压增高，如静脉回流受阻、充血性心力衰竭等，由于毛细血管有效滤过压增高，过多的液体滤出。②血浆胶体渗透压减低，如血浆清蛋白浓度明显减低的各种疾病（营养不良、严重贫血等）。③淋巴回流受阻，如丝虫病、肿瘤压迫等所致的淋巴回流障碍，使含有蛋白质的淋巴液在组织间隙积聚或形成浆膜腔积液，且多为乳糜性的。④水钠潴留，如充血性心力衰竭和肾病综合征等。显微镜下漏出液的特点是细胞较少，主要是来自浆膜腔的间皮细胞（常是 8 ~ 10 个排成一片）及淋巴细胞，红细胞和其他细胞甚少。有少量红细胞，常为穿刺时损伤所致，大量红细胞则为出血性疾病或脏器破损所致；大量的间皮细胞和淋巴细胞见于心、肾疾病。

渗出液多为炎性积液，多为单侧性。其产生机制是微生物毒素、缺氧及炎性介质等的作用，使血管内皮细胞损伤、血管通透性增高，导致液体、血液内大分子物质和细胞从血管内渗出至血管外、组织间隙及浆膜腔，形成积液。显微镜下渗出液的特点是细胞较多，嗜中性粒细胞增多见于急性感染，尤其是化脓性炎症，在结核性炎症（结核性胸膜炎初期），特别是反复穿刺时，嗜中性粒细胞也增多；淋巴细胞增多，多见于慢性疾病，如牛慢性胸膜炎、结核性胸膜炎；间皮细胞增多，则表明是组织破坏过程严重的疾病。渗出液多为细菌感染所致，也可见于肿瘤、外伤，以及血液、胆汁、胰液和胃液等刺激的非感染性原因，如细菌性感染、

① 石万宏，杜子明，王统一．固原农业与草畜产业 [M]. 银川：宁夏人民出版社，2007.

淋巴瘤、类风湿病等。

浆膜腔积液检验的目的在于鉴别积液的性质和寻找引起积液的致病因素。但临床上有些浆膜腔积液既有渗出液的特点，又有漏出液的性质，这与漏出液继发感染或积液浓缩有关。因此，欲明确浆膜腔积液的性质，只有结合临床其他检查结果，进行综合分析，才能准确判断。

（一）浆膜腔积液物理检验

1. 目的

掌握浆膜腔积液物理学检查的内容和方法。

2. 操作方法

检验颜色与透明度。取浆膜腔穿刺液，用肉眼观察浆膜腔积液的颜色变化，渗出液多为淡黄色，渗出液可呈深浅不同的黄色、红色、乳白等颜色。检验浆膜腔积液透明度时可轻摇标本，结果可根据标本情况不同用“清晰透明”“微浑”“浑浊”报告。

检验凝固性。倾斜浆膜腔积液试管，肉眼观察有无凝块形成，结果可根据标本情况不同用“无凝块”“有凝块”报告。

测定相对密度。取充分混匀未凝固浆膜腔液，将其缓慢倒入比重筒中，其量以能悬浮起比重计为宜，将比重计轻轻放入装有浆膜腔积液的筒中并加以捻转，待其静置后有悬浮于浆膜腔积液中（勿使其接触比重筒侧壁）时，读取液体凹面相重合的比重计上的标尺刻度数值并做记录。

3. 注意事项

若标本颜色或透明度改变不明显或难以观察，可以在以白色或黑色为背景的灯光下仔细观察。由于浆膜腔积液易凝固（加抗凝剂时例外），送检后应立即测定相对密度。测定前标本应充分混匀。测定相对密度后，应立即用清水将比重计冲洗干净，浸泡于饱和酚溶液中。再用清水冲洗，并浸泡于清水中，以免蛋白质凝固在比重计上，影响准确性。渗出液可因大量的纤维蛋白原存在而凝固，但有时因含有纤溶酶可将纤维蛋白溶解，看不到凝块。

（二）浆膜腔积液显微镜检验

1. 目的

掌握浆膜腔积液显微镜检查的内容、方法。

2. 器材

显微镜、改良牛鲍计数板、微量吸管、小试管。

3. 试剂

生理盐水或红细胞稀释液，冰乙酸，白细胞稀释液，瑞氏染液。

4. 操作方法

有核细胞直接计数法。对清晰透明或微浑的浆膜腔积液直接进行计数，可在小试管内放入冰乙酸 1 ～ 2 滴，转动试管，使内壁黏附少许冰乙酸后倾去，滴加混匀浆膜腔积液 3 ～ 4 滴，混匀，放置数分钟，以破坏红细胞。用微量吸管取混匀破坏红细胞后的浆膜腔积液充入血细胞计数板的 2 个计数池内，静置 2 ～ 3min 后计数，低倍镜下计数 2 个计数池内四角和中央大方格共 10 个大方格内的有核细胞数。10 个大方格内有核细胞总数即每微升浆膜腔积液的有核细胞总数，再换算成每升浆膜腔积液的有核细胞数。

稀释计数法。对于浑浊的浆膜腔积液，可采用稀释破坏红细胞计数。根据标本内有核细胞的多少，用白细胞稀释液对标本进行一定倍数的稀释，混匀，放置数分钟以破坏红细胞。用微量吸管取混匀稀释后的浆膜腔积液充入 1 个计数池，静置 2 ～ 3min 后计数，低倍镜下计数 1 个计数池内的四角和中央大方格共 5 个大方格内的有核细胞总数。根据 5 个大方格内的有核细胞总数和稀释倍数，计算每升浆膜腔积液的有核细胞数。

（三）浆膜腔积液黏蛋白定性试验

1. 原理

浆膜腔上皮细胞在炎症刺激下可分泌黏蛋白。黏蛋白是一种酸性糖蛋白，其等电点 pH 为 3 ～ 5，因此，它在稀乙酸中可出现白色沉淀。

2. 试剂

冰乙酸，蒸馏水（或自来水）。

3. 操作方法

取冰乙酸试剂 2 ～ 3 滴滴于 100mL 量筒中，再加大约 100mL 蒸馏水，混匀，此时溶液 pH 为 3 ～ 5，静置数分钟，垂直滴加待测浆膜腔积液标本 1 滴于量筒中，立即在黑色背景下观察有无白色云雾状沉淀生成及其下降程度。

4. 判断结果

阴性。清晰，不显雾状或有轻微白色雾状浑浊，但在下降过程中消失。

阳性。出现白色雾状浑浊并逐渐下沉至量筒底部不消失。

阳性程度的判断：呈白雾状为“±”；灰色白雾状为“+”；白色薄云状为“++”；白色浓云状为“+++”。

5. 注意事项

血性浆膜腔积液经离心沉淀后，用上清液进行检查。量筒的高度与蒸馏水的量要足够，加入标本后，立即在黑色背景下仔细观察结果。如浑浊不明显、下沉缓慢、中途消失，则为阴性。

本试验是一种初步的简易筛检试验，可粗略区分漏出液与渗出液。方法简便、快速，不需要特殊仪器和试剂。由于病理状态下浆膜腔积液形成的机制多种多样，即使本试验阳性，也不能完全区分渗出液与漏出液，而且在实际工作中根据本试验来区分漏出液还是渗出液有时并不可靠，故应结合其他项目的检查结果全面分析。目前，已趋向于采用直接测定各种蛋白质量和蛋白电泳等方法取代这种粗略的定性试验。

（四）胸、腹腔穿刺液检验的临床意义

当穿刺液是漏出液时，为非炎性病变，主要源于循环系统障碍；当穿刺液是渗出液时，则为炎性病变所致。穿刺液呈红色或红褐色，是混有血液或血红蛋白，常为出血或损伤性疾病；呈褐色或褐绿色，有腐败臭味，为腐败性疾病；呈乳白色，放置后液面有酪块状物，是混有大量脂肪所致，常为淋巴管破裂。

如果腹腔穿刺液中混有饲料碎屑，则可能是胃破裂；混有尿液，有尿臭味，则可能是膀胱破裂；穿刺液浓厚、黏稠，则可能是子宫破裂。

在动物腹痛疾病发展过程中，腹腔穿刺液由透明淡黄色而变为红色时，往往提示继发肠管变位，预后不良；如混有饲料碎屑，呈酸性反应，有特异酸臭味，则提示胃或肠破裂，预后不良；在胸膜疾病过程中，穿刺液如由浆液性转变为腐败性，也多提示预后不良。

第三章　兽医临床治疗方法

第一节　物理疗法

一、水疗法

（一）泼浇法

牛前胃迟缓及瘤胃藏气时，用冷水泼浇腹部；胃肠道痉挛时，用热水泼浇腹部；日射病、鼻出血及昏迷状态时，用冷水泼浇头部和四肢；等等。

（二）淋浴法

温水及热水淋浴应用于肌肉过度疲劳、肌肉风湿及肌红蛋白尿等；冷水淋浴常用于动物体的锻炼。

（三）沐浴法

温暖季节适当的沐浴，可提高动物的新陈代谢能力，改善神经和肌肉紧张度。动物沐浴最好是在河床坚硬、有斜坡且河床平坦的水域进行。水温应不低于 18 ~ 20℃。禁忌证有皮肤湿疹、心内膜炎、肠炎、衰弱、恶性肿痛、妊娠等。

（四）冷水疗法

1. 冷敷法

用叠成两层的毛巾或纱布浸入冷水，敷于患部，保持敷料低温。也可使用冰袋、雪袋及冷水袋局部冷敷。为防止感染，可选用 2% 硼酸、高渗盐水或硫酸镁等消炎剂。

2. 冷脚浴法

常用于治疗蹄、指、趾关节疾病。将冷水盛于木桶或帆布桶后，将患部浸入水中。长时间冷脚浴时蹄角质需涂蹄油。局部冷水疗法可用于手术后出血、软组织挫伤、血肿、骨膜挫伤、关节扭伤、腱及腱鞘疾患，马的急性蹄叶炎及蹄底挫伤等。一切化脓性炎症、患部有外伤时不能用湿性冷疗，需用冰袋、雪袋或冷水袋等干性疗法。

（五）温热疗法

凡以各种热源为介体，将热直接传至动物机体达到治疗作用的方法称为温热疗法。这种疗法在我国医书中早有记载。其特点是取材广泛、设备简单、操作容易、应用方便、疗效较好，在各种环境下都能进行预防和治疗。在温热疗法过程中，除了各种传热介体的温热作用外，某些介体尚有机械和化学的刺激等综合因素作用，以达到治疗疾病的目的。应用温热疗法的方法有石蜡疗法、泥类疗法、砂疗法、铁砂疗法、酒醋疗法、热敷灵疗法等，这些温热疗法对某些疾病有较好的疗效。

1. 干热法

热水袋法。热水袋常用于保暖、解痉、镇痛。操作步骤如下：①备齐用物，检查热水袋有无破损，测量水温，调节温度至 60 ~ 70℃。②热水袋放平，去塞，一只手持热水袋袋口边缘，另一只手灌入热水，边灌边提高热水袋口，以免热水溢出，灌至热水袋容积的 1/2 ~ 2/3 满即可。③将热水袋慢慢放平，排尽袋内空气，拧紧塞子，擦干热水袋后倒提，并轻轻抖动一下，检查有无漏水，装入布套中。将热水袋放置在所需部位。用热时间一般为 30min。热水袋使用过程中，应经常观察局部皮肤的颜色。如发现皮肤潮红，应立即停止使用，并在局部涂凡士林，可起到保护皮肤的作用。热水袋如需持续使用，应及时更换热水。④用完后整理用物，将热水袋倒空，倒挂晾干后，吹入少许空气，拧紧袋口存放于干燥阴凉处，以免两层橡胶粘连。

红外线灯法。红外线灯常用于消炎、解痉、镇痛，促进创面干燥结痂，保护肉芽组织生长，以利伤口愈合。操作步骤如下：①根据需要选择不同功率的灯泡，备齐用物，协助动物暴露治疗部位。②移动红外线灯头至治疗部位斜上方或侧方，一般灯距为 30 ~ 50cm，以感觉温热为宜。灯头有保护罩的，可以垂直照射。每次照射时间为 20 ~ 30min。③照射完毕，关闭开关。动物休息 15min 后再离开治疗室，以防感冒。④记录治疗的部位、时间及治疗的效果和反应。

2. 湿热法

热敷法。热敷法常用于消炎、消肿、解痉、镇痛。操作步骤如下：①动物取舒适体位，在热敷部位下面垫橡胶单及治疗巾，局部涂以凡士林，上面盖一层纱布。②将敷布浸于热水中，用长钳拧敷布至不滴水，抖开敷布用手腕掌侧试温，如不烫手即可折好敷于患处。上面可放置热水袋，并盖棉垫或用大毛巾包裹，以保持温度。③及时更换敷布，每 3 ~ 5min 一次，热湿敷时间为 15 ~ 20min。④热敷完毕，用纱布擦净患处，整理用物。

洗手，记录热湿敷的部位、时间及热湿敷的效果和反应。

局部浸泡法。局部浸泡法用于消炎、镇痛、清洁及消毒伤口等。其操作步骤如下：①配溶液至浸泡盆的 1/2 满，调节水温至 40 ~ 45℃。②将需浸泡的肢体慢慢放入盆中浸泡，需要时用镊子夹取纱布反复清洗创面。③随时添加热水或药液，以维持所需温度。浸泡过程中，应注意观察动物的局部皮肤情况，如出现发红、疼痛等反应，应及时处理。浸泡过程中，应随时添加热水或药液，以维持所需温度；添加热水时，应将动物肢体移出盆外，以防烫伤。有伤口的动物，需用无菌浸泡盆及浸泡液，且浸泡后按换药法处理伤口。④浸泡时间为 30min。浸泡完毕，擦干肢体，协助动物取舒适卧位，有伤口的动物按换药法处理伤口。

洗手，记录浸泡的部位、时间、所用药液及浸泡的效果和反应。

二、光疗法

光疗法是利用阳光或人工光线（红外线、紫外线、可见光、激光）作用于局部或全身以防治动物疾病和促进动物机体康复的方法。一般临床常用的有紫外线疗法、红外线疗法。

（一）紫外线疗法

紫外线的波长为 400 ~ 180nm，应用紫外线防治疾病的方法称为紫外线疗法。紫外线是不可见光，因位于可见光谱紫色光线的外侧而得名。

1. 治疗作用

抗炎作用。紫外线红斑量照射是强有力的抗炎因子，尤其对皮肤浅层组织的急性感染性炎症效果显著。紫外线可以杀菌、改善病灶的血循环、刺激并增强机体防御免疫功能。

加速组织再生。小剂量紫外线照射可促进组织再生，对于骨折、周围神经损伤等均可应用小剂量紫外线以促其再生。因紫外线可以加强血液供给，有利于营养物质进入，小剂量紫外线可加速核酸合成和细胞分裂。

镇痛。紫外线红斑量照射具有显著的镇痛作用，无论对感染性炎症、非感染性炎症痛，风湿性疼痛及神经痛均有好的镇痛效果。

脱敏。紫外线照射后在体内产生与蛋白质相结合的组织胺，具有一定的抗原性能，剂量逐渐增加的重复的紫外线照射所产生的组织胺，可促进机体分泌组织胺酶以破坏体内过量的组织胺，从而起到非特异性的脱敏作用。此外，紫外线照射后维生素 D 增多，致使机体对钙吸收增多，钙离子可降低神经系统兴奋性和血管通透性，也有利于减轻过敏反应。

预防和治疗佝偻病和骨软骨病。机体组织缺钙，在幼畜患佝偻病，在成年动物（特别是孕畜）则患软骨病，还易患骨折、骨髓炎及龋齿等，因此，采用全身无红斑量紫外线照射，可促进维生素 D 的生成，调节钙、磷代谢，预防和治疗由紫外线缺乏带来的疾病。

加强免疫功能。机体长期缺乏紫外线照射，可致免疫功能低下，对各种病原微生物的抵抗力减弱，故易患各种传染病，如皮肤化脓性炎症、感冒、流感、肺结核、气管炎及肺炎等，紫外线无红斑照射可以使皮肤的杀菌力增强，加强巨噬细胞的系统功能，提高巨噬细胞活性及使体液免疫成分含量增多、活性增强，提高动物机体的特异和非特异性免疫功能。

2. 适应证及禁忌证

适应证。红斑量紫外线常用于治疗急性化脓性炎症（疖、痈、急性蜂窝织炎、急性乳腺炎、丹毒、急性淋巴炎、急性静脉炎）以及某些非化脓性急性炎症（肌炎、腱鞘炎）；伤口及慢性溃疡；急性风湿性关节炎、肌炎；神经（根）炎及一些皮肤病，如玫瑰糠疹、带状疱疹、脓疱状皮炎等。全身无红斑量紫外线常用于预防和治疗佝偻病、软骨病、长期卧床骨质疏松、流感、伤风感冒等。

禁忌证。大面积红斑量紫外线照射对于活动性肺结核、血小板减少性紫癜、血友病、恶性肿瘤、急性肾炎或其他肾病伴有重度肾功能不全，以及重度肝功能障碍、急性心肌炎、对紫外线过敏的一些皮肤病（如急性泛性湿疹、光过敏症、红斑性狼疮的活动期等）是禁忌。

3. 操作方法

临床上多采用局部照射法，操作过程如下。

接通电源，启动紫外线灯，高压汞灯 5 ~ 10min 后稳定，低压汞灯 3min 后稳定。患畜取合适体位固定，暴露治疗部位，用治疗巾或洞巾界定照射野范围，使之边界整齐，非照射部位用布巾盖严。

照射伤口创面时，应先将伤口的坏死组织、脓性分泌物清除处理。照射范围应包括伤口周围 1 ~ 2cm，正常组织 2 ~ 8cm。照射部位多、总面积大时，可分次交替照射。

使用高压汞灯时移动灯头，使灯管距离照射野皮肤 50cm。使用低压汞灯时操作者手持灯头，使灯管接近照射野皮肤距离 1 ~ 2cm。

按治疗所要求的红斑等级 MED 数计算照射时间，以秒表掌握照射时间。治疗仪附有定时器，在预设治疗时间后，按下手动开关后开始治疗，自动倒计时。

照射完毕，将灯移开，从患畜身上取下治疗巾。

（二）红外线疗法

红外线可分为两段，波长 1.5 ~ 1000μm 的波段为远红外线（长波红外线），波长 0.76 ~ 1.5μm 的波段为近红外线（短波红外线）。应用红外线治疗疾病的方法称为红外线疗法。红外线治疗作用的基础是温热效应。

1. 红外线的治疗作用

改善局部血循环，促进炎症消散。降低神经兴奋性、镇痛、解痉。

减少渗出，促进肉芽生长，加速伤口愈合。促进血肿消散，缓解扭挫伤、软组织损伤。

减轻术后粘连，软化疤痕，减轻疤痕挛缩术后粘连。

2. 适应证

软组织扭挫伤恢复期、肌纤维组织炎、关节炎、神经痛、软组织炎症感染吸收期伤口愈合迟缓、慢性溃疡、压疮、烧伤、冻伤、肌痉挛、关节纤维性挛缩等。

3. 操作方法

动物取适当体位保定，裸露照射部位，要求照射部位清洁无污物，用厚纸板或黑布遮挡动物头部，以保护眼睛，检查照射部位的温热感是否正常。

将红外线灯移至照射部位的上方或侧方，调整红外线灯的位置，找到合适的照射距离和照射剂量，一般为 30 ~ 50cm，人手被照射 5min 内有热感但无灼痛感时的照射剂量较为合适。也可由小到大调节，以动物安静为度。每次照射 15 ~ 30min，每日 1 ~ 2 次，10 ~ 15 次为一疗程。

治疗结束时，将照射部位的汗液擦干，患畜应在室内休息 10 ~ 15min 后方可外出。治疗完毕，关闭电源，并将仪器收回管理室。

4. 注意事项

掌握最佳照射剂量，以防止烫伤。

照射部位接近眼或光线可射及眼时，应用纱布遮盖双眼。

患部有温热感觉障碍或照射新鲜的瘢痕部位、植皮部位时，应用小剂量，并密切观察局部反应，以免发生灼伤。

血液循环障碍部位，较明显的毛细血管或血管扩张部位一般不用红外线照射。

三、电疗法

电疗是利用电流或电场作用于动物机体以达到治疗疾病的目的。在临床上兽医常用的有直流电疗法、直流电离子透入疗法两种。下面以直流电疗法为例进行探讨。

直流电疗法是使用低电压的平稳直流电通过人体一定部位以治疗疾病的方法，是最早应用的电疗之一。目前，单纯应用直流电疗法较少，但它是离子导入疗法和低频电疗法的基础。

（一）治疗作用

动物体内各种体液是组织细胞进行各种代谢和功能活动的内在环境，体液中含有各种电解质。体液中的电解质对维持细胞内外液的容量和渗透、酸碱平衡、神经肌肉兴奋性等具有重要作用，而一些微量元素是许多酶的激活剂。所以，动物体体液是电解质溶液，动物体组织是电解质导体，能够导电。直流电治疗时，两电极间存在着稳定不变的电势差，动物体组织内各种离子向一定的方向移动而形成电流。离子移动并引起体液中离子浓度对比的变化是直流电生物理化作用的基础。①

1. 促进局部小血管扩张和加强组织营养

直流电治疗后，可看到放电极部位皮肤充血潮红。有人曾用红外线显像等方法测定，在直流电治疗后，局部血液循环量可增加 140% 左右，可持续在 30 ~ 40min。

① 达能太，李国中 . 动物中毒病防治手册 [M]. 银川：宁夏阳光出版社，2015.

由于局部小血管扩张，血循环改善，加强组织营养，提高细胞的生活能力，加速代谢产物的排出，因而直流电有促进炎症消散、提高组织功能、促进再生过程等作用。血管舒缩反应是机体对外界刺激最普遍的生理反应之一。直流电引起局部组织内理化性质的变化，对神经末梢产生刺激，通过轴索反射和节段反射而引起小血管扩张。此外，直流电影响蛋白质的稳定性，有微量蛋白质变性分解而产生一些分解产物，也有扩张血管的作用。

2. 对神经系统和骨骼肌的影响

直流电对中枢神经系统的兴奋和抑制过程有调整作用，即在兴奋与抑制过程失调情况下，直流电有使之正常化的作用。因此，直流电常用以治疗神经官能症和外伤、炎症等引起的大脑皮质功能紊乱的症状。直流电可改变周围神经的兴奋性，并且有改善组织营养、促进神经纤维再生和消除炎症等作用，因此，直流电常用以治疗神经炎、神经痛和神经损伤。直流电刺激皮肤或黏膜的感觉神经末梢感受器，能反射性地影响自主神经的功能，从而影响内脏器官和血管的舒缩功能。断续直流电刺激神经干或骨骼肌时，在直流电通断瞬间引起神经肌肉的兴奋而出现肌肉收缩反应，因此，断续直流电可用以治疗神经传导功能失常和防治肌肉萎缩。直流电对前庭神经、味觉、视觉等特殊感觉也有兴奋作用而引起相应的反应。

直流电的阴极有促进伤口肉芽生长、软化瘢痕、松解粘连和促进消散等作用，而阳极有减少渗出的作用。

电流强度较大的直流电对静脉血栓有促进溶解退缩的作用。通过动物实验观察到，在直流电作用下，血栓先从阳极侧松脱，然后向阴极侧退缩，当退缩到一定程度时，血管重新开放。组织学观察发现，直流电作用 2 天后，成纤维细胞开始增殖，接着在内膜下形成肉芽，5 天后毛细血管和成纤维细胞自内膜长入血栓中，血栓机化，体积皱缩，故临床上用大剂量直流电治疗血栓静脉炎有一定疗效。

微弱直流电的阴极能促进骨再生修复，阳极有改善冠状动脉血液循环的作用。

（二）直流电疗法设备

直流电疗机。直流电疗机是利用电子管或晶体管交流电进行波整流，经滤波电路输出平稳直流电。电压在 100V 以下。输出电流为 0 ~ 50mA，连续可调。此外，干电池也可作直流电电源。

电极。电极包括金属电极板和衬垫。电极板多采用薄铅片，0.25 ~ 0.5mm，形状大小依治疗部位而定。铅片可塑性好，化学性能稳定。衬垫用无染色的吸水性好的棉织品制成，一般用白绒布叠成厚 1cm 左右，衬垫应超出边缘 1 ~ 2cm。治疗时衬垫用温水浸湿，贴在皮肤上，铅片放在衬垫上，用导线同直流电疗机连接。湿衬垫的作用是吸附和稀释电极下面的酸碱电解产物，避免发生直流电化灼伤。将皮肤湿润，降低皮肤电阻和使电极紧密接触皮肤，电流均匀分布。

输出导线。选用绝缘良好的比较柔软的导线，分红色、蓝色两种，以便区别阴阳极，每条长 2m。

（三）主要适应证与禁忌证

直流电疗法主要适用于治疗亚急性和慢性炎症（如风湿病、肌腱损伤、腱鞘炎、关节周围炎及神经麻痹），以及血栓性静脉炎、冠心病、骨折不连接和延迟连接等。湿疹、皮炎、溃疡、化脓性炎症及急性炎症等禁止使用电疗法。

（四）操作方法

治疗前先将放置电极部位剪毛或剃毛，清洗干净，于患部放置有效电极，但要避开损伤面，在其他部位放置无效电极。用清洁的水湿润皮肤和衬垫。将衬垫置于皮肤上，于衬垫上再放铅板，衬垫要大于铅板边缘 1 ~ 2cm，然后压平铅板并以绷带固定妥当，用输出导线和电极相连，接通电源开始治疗。直流电疗时的剂量按有效电极的作用面积计算，每平方厘米 0.3 ~ 0.5mA，比如 100cm^2 的衬垫则应给予 30 ~ 50mA 电流。治疗时间一般为 20 ~ 30min，每天或隔天一次，每个疗程 25 ~ 30 次。

第二节　激素疗法

一、肾上腺皮质激素

肾上腺皮质激素临床用于牛酮病和羊妊娠毒血症的治疗；对感染性疾病，一般不主张使用皮质激素，但当感染对机体生命带来严重危害时，也可用它来控制过度的炎症反应，如当有各种败血症、肺炎、中毒性菌痢、腹膜炎、子宫内膜炎（产后感染）、乳腺炎等时，为控制感染给予大剂量抗生素的同时，应用皮质激素可取得更好的疗效；对皮肤的非特异性或变态反应性疾病有较好疗效，用药后痒觉很快停止，炎症反应消退，如荨麻疹、湿疹、脂溢性皮炎、化脓性皮炎以及蹄叶炎等；对各种休克有较好疗效，在对抗血管衰竭和脑水肿方面有特殊价值；也可用于关节炎、眼科病（可全身用药或局部用药）及母畜引产等。[①]

二、胰岛素

胰岛素临床应用于糖尿病和马肌红蛋白尿症的治疗，对肝病、幼龄动物营养不良及衰竭症也有一定的治疗意义。此外，在应用胰岛素的同时应配合给予葡萄糖，实行胰岛素葡萄糖疗法。该疗法可在一定程度上增强机体的代谢过程，改善其营养状况。

三、肾上腺素

肾上腺素临床上用于急性心力衰竭和各种休克，也可作为胃、鼻、膀胱及子宫等出血时的止血剂，还可用于解除支气管平滑肌痉挛，治疗支气管哮喘，对制止其急性发作效果更佳。

四、生殖激素

（一）促性腺激素释放激素

促性腺激素释放激素临床应用于治疗不排卵及卵巢囊肿，在繁殖上可提高受胎率。

（二）垂体前叶促性腺激素

1. 促卵泡激素（FSH）

促卵泡激素用于治疗卵泡停止发育或两侧卵泡交替发育等卵巢疾病；也可用于同期发情及超数排卵，以提高繁殖率。

2. 促黄体激素（LH）

促黄体激素临床上用于治疗卵巢囊肿以及由卵巢囊肿引起的慕雄狂；在生产上用来增强同期发情的效果，加速排卵，提高受胎率。

---

① 刘建柱，牛绪东．猪病鉴别诊断图谱与安全用药 [M]. 北京：机械工业出版社，2017.

（三）非垂体促性腺激素

1. 孕马血清（PMS）

孕马血清临床上常用于促进发情和治疗长期不发情或发情反常的许多卵巢疾病。对雄性动物可提高性兴奋。

2. 人绒毛膜激素（HCG）

人绒毛膜激素临床上用于促进排卵以提高受胎率，也可用于治疗有慕雄狂症状的卵巢囊肿；生产上也可用于同期发情。

（四）性腺激素

1. 雌激素

雌激素用于治疗子宫内膜炎、胎衣不下或排出死胎及人工流产。

2. 孕激素（黄体酮）

孕激素临床上常用于预防流产或治疗先兆性流产。

3. 雄激素

雄激素临床上用于治疗雄性动物睾丸发育不全以及睾丸机能减退（性欲低下）；或用于治疗衰弱性疾病和贫血等。

五、前列腺素

前列腺素可诱发分娩或流产和破坏黄体。PGA_1 可抑制胃酸分泌；PGE_1 及 PGE_2 可使气管扩张；PGF_2 具有很强的破坏黄体和使子宫收缩的作用。

六、垂体后叶激素

垂体后叶激素临床上用于产科病的治疗。如胎位正常、产道无障碍但呈阵缩微弱难产时，可给予小剂量的催产素和垂体后叶素用以催产；较大剂量垂体后叶素肌注可起到产后出血的止血作用，但作用时间短，需 2 ~ 3 小时重复给药。

第三节　输血疗法

一、适应证及禁忌证

输全血适应于大失血、各种贫血和休克、血友病、白血病、败血症、白细胞减少症、低红细胞性疾病、恶病质、一氧化碳中毒等疾病。对于血谷量正常但红细胞不足或红细胞携氧能力不足、红细胞生成不足或破坏过多等疾病，适宜输入红细胞。对于非贫血性低血容量性疾病，如烧伤，急性或持久性腹泻，凝血紊乱疾病（如香豆素中毒、弥散性血管内凝血）等，适宜输入血浆。严重心脏疾病、肾脏疾病、肝病、肺水肿、肺气肿、血管栓塞症、脑水肿等均不宜输血。

二、供体选择

供血动物应为健康无病的同种动物，血色素和血浆蛋白含量正常。动物首次输血一般不会发生严重危险。无论何种动物，当其接受同种动物血液后，在 3 ~ 10d 内均可产生免疫抗体，若再以同一供血动物血液里复血则易产生输血反应，需多次输血时应准备多头（只）供血动物；当不得已需用同一供血动物时，输血应在 3d 内进行。输血前进行血液相合试验更为安全。①

三、血液的采集与贮存

（一）采血

临床上常用的抗凝剂为 3.8% 柠檬酸钠、10% 氯化钙，与血液的比为 1 ∶ 9；10% 水杨酸钠液，与血液的比为 1 ∶ 5。先吸入抗凝剂，再按比例采血至所需数量。

（二）血液保养液

常用的是柠檬酸葡萄糖合液，即 ACD 保存液（柠檬酸钠 1.33g，柠檬酸 0.47g，葡萄糖 3g，重蒸馏水加至 100mL，灭菌后备用），每 100mL 全血加入 ACD 保存液 25mL，4℃储存 29 天其红细胞存活率可达 70%。

① 褚晓峰．实验动物应用研究学 [M]. 杭州：浙江工商大学出版社，2018.

四、输血方法

可取动物颈静脉、隐静脉、头静脉、腹腔或骨髓内输血。腹腔输血吸收慢，部分细胞不能复活，适用于不必立即增加红细胞容量的病例。髓内注射适用于小型犬、猫，可用 20 号带针芯针头从股骨滑车窝直接注入骨髓腔。常取静脉输入，输血前轻轻晃动输血瓶，使血浆与血细胞充分混合均匀。输血过程中要随时晃动输血瓶以防止血细胞沉降而堵塞输血针。输血速度应尽量缓慢，一般为每分钟 20 ~ 25mL；当急性大失血时，速度应加快，每分钟 50 ~ 100mL。输血的剂量及次数需按病情确定。

五、输血反应及其预防

（一）发热反应

输血后 15 ~ 30min，受血动物出现寒战和体温升高。预防措施是在每 100mL 血液中加入 2% 盐酸普鲁卡因 5mL 或氢化可的松 50mg，输入速度宜慢，若反应剧烈，应立即停止输血。

（二）过敏反应

受血动物表现为呼吸急促、痉挛、皮肤见有荨麻疹等。出现过敏反应时立即停止输血，肌肉注射苯海拉明或 0.1% 肾上腺素 5 ~ 10mL，必要时进行对症治疗。

（三）溶血反应

受血动物在输血过程中突然出现不安，呼吸和脉搏急促，肌肉震颤，不时排尿、排粪、高热，可视黏膜发绀，并有休克症状。出现溶血反应时立即停止输血，改注含糖盐水后再注入 5% 碳酸氢钠液，必要时配强心、利尿剂。

第四节　给氧疗法

给氧主要应用于缺氧引起的各种疾病，多数情况下仅作为临时急救措施，以补充暂时性缺氧。对肺炎、胸膜炎、肺充血与肺水肿最为有效。此外，还可以用于上呼吸道狭窄、某些中毒、脑病、休克或特殊手术时。给氧的方法最常用的是氧气吸入法。

氧气吸入的方法有鼻腔插管法、气管插管法、密闭式呼吸装置等。临床上常用简便易行的鼻腔插管法。取一根较细的橡皮管或质地稍硬的塑料管，将其钝圆端插入动物鼻道，至咽喉部稍退回一点，并用细绳将鼻管固定于动物头上，以防脱出。另一端接在氧气瓶给氧装置上，调节好氧气流量，给动物吸氧。

如果没有氧气瓶给氧装置，可使用氧气袋或自制简易给氧器供氧。取盐水吊瓶 1 个，广口瓶 2 个，分别配上橡皮塞或软木塞，并在其中央打 2 个适宜的小孔，盐水吊瓶中盛 3% 过氧化氢溶液（双氧水）300 ~ 500mL，用橡胶管与一个广口瓶连接，广口瓶中盛放高锰酸钾 30 ~ 50g，橡胶管装上一只弹簧夹，以控制过氧化氢液的流量，另一个广口瓶内盛清水 200 ~ 300mL，将三个瓶连接起来，瓶塞及各接头处用蜡密封。打开弹簧夹，滴入过氧化氢溶液，即可产生氧气，根据广口瓶内清水中气泡的多少，控制过氧化氢滴入速度和氧气量，并将氧气输出胶管按上述方法插入动物鼻道即可给动物吸氧。

一、经导管给氧法

（一）鼻导管给氧法

给氧装置输出导管插入动物鼻孔内，放出氧气，供动物吸入。

（二）气管内插管法

大动物倒卧保定，用开口器打开口腔并将头颈伸展，舌向前拉出，经口将导管送入咽部，趁着吸气时将导管插入气管或用细小的导管经下鼻道插入气管。小动物一般经口直接插入气管。

（三）导管插入咽头部给氧法

将导管插入患病动物咽头部给氧。

二、皮下给氧法

把氧气注入动物皮下疏松结缔组织中，经毛细血管内的红细胞逐渐吸收。大动物 6 ~ 10L；中、小动物每次 0.5 ~ 1.0L，可选取数点进行。注入速度为每分钟 1.0 ~ 1.5L。

三、经鼻直接给氧法

在给氧装置输出导管的一端，连接活瓣面罩，将面罩套在患病动物的面鼻上，并固定于头部和鼻梁上，打开氧气瓶，动物即可自由吸入氧气。

第五节　封闭疗法

一、肾区封闭法

适用于某些腹腔、盆腔及后躯炎症，对胃扩张、肠膨胀、肠便秘也有效。严重心脏病、肾脏病、全身衰竭等不宜应用。将盐酸普鲁卡因液注入肾脏周围的脂肪囊内，封闭该区域的交感神经干、神经丛、通向腹壁以及内脏器官表面的传导神经干。注入时应根据动物肾脏的解剖位置来确定刺入点、刺入方向及刺入深度。刺针前要保定好动物，术部剪毛、消毒。进针正确时有落空感，推药时感觉如同皮下注射。注射剂量一般为 0.25% 盐酸普鲁卡因液每千克体重 1mL。可分成两份分别注于两侧，采取左右交替注射法，也可将全量注于一侧，1 ~ 3 天注射一次，5 次为一疗程。若 3 次无效则停用。

二、四肢环状封闭法

肢环状封闭法适用于治疗四肢和蹄的疾病及慢性溃疡等。在动物患肢病灶上方 3 ~ 5cm 的健康组织上，前肢不超过前臂部、后肢不超过小腿部，分别从皮下到骨膜进行环状注射药液，边退针边注射 0.25% ~ 0.5% 盐酸普鲁卡因液。注射总量大动物 50 ~ 150mL，小动物 5 ~ 15mL，1 ~ 2 天注射一次。

三、病灶封闭法

病灶封闭法适用于治疗创伤、溃疡、蜂窝织炎、乳腺炎、淋巴管炎，各种急性、亚急性停留在浸润期的炎症等。将 0.25% ~ 0.5% 盐酸普鲁卡因液分点注射到病灶周围健康组织内的皮下、肌肉或病灶基底部以包围整个病灶。药液内加入 100 万 ~ 160 万国际单位青霉素效果更好。

四、静脉内封闭法

静脉内封闭法适用于治疗挫伤、烧伤、去势后水肿、久不愈合的创伤、湿疹及皮肤炎等。用 0.25% 盐酸普鲁卡因生理盐水稍加温后缓慢静注，大动物每千克体重 2mL，小动物每千克体重 1mL，1 ~ 2 天注射一次。

五、穴位封闭法

穴位封闭法是用 0.25% ~ 0.5% 盐酸普鲁卡因液按针灸的穴位注射，治疗四肢带痛性疾病。注射液中加入 0.1% 盐酸肾上腺素可提高疗效。大动物 50 ~ 150mL，小动物 5 ~ 15mL。1 ~ 2 天注射一次，3 ~ 5 次为一个疗程。

第六节　血液疗法

一、自家血液疗法

自家血液疗法适用于治疗各种亚急性及慢性病、贫血、眼科病、营养不良、慢性皮肤病、支气管炎、腹膜炎、胸膜炎等。对急性扩散性疾病，体温显著升高，心脏、肝脏及肾脏疾病和特别衰弱的动物禁用。动物站立保定，无菌条件下由患病动物的颈静脉（猪从耳静脉或前腔静脉）采取所需的血液，立即注射于颈部、胸部或臀部及皮下，注射量大时，作分点注射。注射剂量，牛、马 60 ~ 120mL，猪、羊 10 ~ 30mL。注射量由少到多，大动物一般第 1 次注射 60mL，以后每次增加 20mL，但最多不超过 120mL，每 3 天注射一次，4 ~ 5 次为一个疗程。注射部位可在左右两侧交替进行。

二、血液绷带疗法

血液绷带疗法对愈合迟缓的肉芽创、久不愈合的溃疡，瘘管、窦道、头部皮炎、化脓创、营养性溃疡均有疗效。首先用外科方法清洁创面，根据病变大小准备 4 ~ 5 层灭菌纱布，无菌条件下由患病动物颈静脉采血，将纱布层浸透，敷在创面上；对创腔深、存在窦道的创伤可直接将血液缓慢注在创面上或创腔内；然后在上面敷以湿性防腐纱布，再敷一层油纸，而后包扎绷带；根据创面变化决定换绷带时间，一般 2 ~ 3 天换一次，生长良好的创伤可延长换绷带时间。

三、干燥血粉疗法

干燥血粉疗法对关节透创、难愈合的窦道、瘘管、上皮形成缓慢的外伤有显著疗效；对化脓创、肉芽创可加速愈合。将创面、窦道、瘘管进行彻底外科处理，根据创面大小撒布适量干燥血粉，覆盖整个创面，或将血粉撒在纱布上敷在创面，然后包扎。每隔 1 ～ 2 天更换一次。随肉芽生长可适当延长更换时间。

第七节　其他疗法

一、血清疗法

血清疗法是一种病因疗法，即给动物注射免疫血清，借以杀死病原体。本法多用于传染病的治疗，如炭疽、牛出败病、猪肺疫、猪丹毒、猪瘟、气肿疽、破伤风等。血清疗法是一种被动免疫，虽然有及时生效的优点，但也有免疫期短的缺点，免疫血清除用于相应传染病的治疗外，还用于紧急预防。

二、蛋白疗法

蛋白疗法用于疖病、蜂窝织炎、脓肿、胸膜炎、乳腺炎、亚急性和慢性关节炎及皮肤病的治疗；对幼畜胃肠道疾病、营养不良、卡他性肺炎等也有一定疗效。当传染病恶化、心功能紊乱、肾炎及妊娠时禁用。一般用血清、脱脂乳、自家血液、同种或异种动物的血液等作为蛋白剂，临床上常用的是健康动物的血清，大动物每次 50 ～ 100mL，中、小动物每次 10 ～ 30mL，2 ～ 3 天一次，2 ～ 5 次为一个疗程。

三、药物气雾疗法

（一）药物熏蒸法

在对动物进行群体治疗时，可采用室内熏蒸法。治疗室应密闭，面积以 10 ～ 12m^2 为宜。治疗室内设药物蒸汽锅，将药物加水倒入锅内，加热煮沸，让蒸气弥漫室内。将待治疗动物迁入室内。每次治疗时间为 15 ～ 30 分钟。每日或隔日 1 次。此疗法适用于流行性感冒、支气管炎、肺炎以及某些皮肤病的治疗。

（二）超声波雾化器疗法

超声波雾化器广泛应用于治疗上呼吸道、气管、支气管感染、肺部感染（如支气管肺炎），通过稀释痰液，具有湿化气道、祛痰等作用。使用超声波雾化器，先将药液加入药杯中，盖紧药杯盖，再将面罩给动物戴上，或不用面罩而直接将波纹管口对准动物口鼻部。插上电源，开机即可。雾化量开关可调节出雾量大小，以不引起动物不适为宜。

四、免疫疗法

免疫疗法是通过给动物体注射疫（菌）苗，刺激机体产生免疫抗体，以达到预防相应的传染病的目的。由于疫（菌）苗是用于自动免疫，免疫抗体产生需要一定的时间，所以，其效果产生比免疫血清来得慢。但是一旦机体获得一次免疫，会持续较长时间，具有预防疾病的效果，因此，多用于传染病的预防。

五、食饵疗法（营养疗法）

食饵疗法是对于因饲料中蛋白质、碳水化合物、脂肪、矿物质、维生素等的缺乏或不平衡而引起的营养障碍性疾病的针对疗法，通过补充或调整适当的营养物质，病畜得以康复。食饵疗法不仅应用于营养障碍性疾病，而且在治疗其他任何疾病时也是必须考虑的问题，这对于动物的康复是有益的。

六、驱虫疗法

在兽医临床上，当怀疑动物所出现的症状与寄生虫有关时，应进行粪便的虫卵检查或血液涂片、皮肤刮取物的检查。当查到多量虫卵或病原体时，应采取驱虫（体内或体外寄生虫）疗法。常用的驱虫药有敌百虫、左旋咪唑、阿苯达唑（丙硫咪唑）、甲苯达唑、伊维菌素、阿维菌素（牛、羊、犬、猫、家禽每千克体重 0.2mg，猪每千克体重 0.3mg）、灭虫丁（家畜、家禽每千克体重 0.2mg）、吡喹酮、硫氯酚（别丁）、贝尼尔（三氮咪）、黄色素（锥黄素）、台盼蓝（锥蓝素）、安锥赛（喹密胺）、氯苯胍、莫能菌素、双甲脒、二氯苯醚菊酯（除虫精）、溴氢菊酯等。[①]

① 李彩虹，颜邦斌 . 动物诊疗技术 [M]. 成都：西南交通大学出版社，2015.

第四章　动物病原微生物检验技术

第一节　细菌学检验基本技术

一、形态学检查技术

形态学检查是鉴定细菌的重要手段，有助于细菌的初步鉴别，也是决定采用何种生化鉴定的重要提示。有时通过形态学检查可得到初步判断。

细菌体积微小，需借助显微镜放大至 1000 倍左右才可识别。由于细菌无色透明，直接镜检只能观察到细菌动力，对菌体形态、大小、排列、染色特性及特殊结构的判断必须固定、染色后镜检。研究细菌的超微结构，则需用电子显微镜观察。

（一）不染色标本的检查

不染色标本的检查法主要用于检查细菌的动力及运动状况。有鞭毛的细菌在显微镜下呈现活泼的运动。

1. 湿片法

湿片法又称压片法。用接种环取细菌培养液 2 环，置于清洁载玻片中央，轻轻覆上盖玻片，于油镜下观察。制片时菌液要适量，不可有气泡，不可外溢。

2. 悬滴法

取洁净的凹窝载玻片、盖玻片各一块，将凹孔四周的平面上涂薄薄一层凡士林，取 1 接种环菌液置盖玻片中央，将凹窝载玻片的凹面向下，对准盖玻片的液滴，然后迅速翻转玻片，用小镊子轻轻压，使盖玻片与凹孔边缘粘紧，凡士林密封其周缘，菌液不致挥发变干。

镜下观察时，先用低倍镜，调成暗光，对准焦距以高倍镜观察，不可压碎盖玻片。可见有动力的细菌从一处移到另一处，无动力的细菌呈布朗运动而无位置的改变。螺旋体由于菌体纤细、透明，需用暗视野或位相显微镜观察其形态、活动。

3. 负染色法

于玻片上加一滴苯胺黑（或印度墨汁，此色素不能着染于细胞），用灭菌的接种环取待检材料少许，混于苯胺黑中，并立即将其涂开，使其成为薄的涂片，干后用油镜检查，可在黑色的背景上看到不着色的细胞。

（二）染色标本的检查

制作标本涂片及染色后，检验人员能观察细菌的形态、大小、排列、染色特性，以及荚膜、鞭毛、芽胞、异染颗粒等结构，这有助于初步识别或诊断细菌。

1. 染色标本片制备

（1）培养物染色标本片的制备

涂片。以接种环（或滴管）取水一滴放在载玻片上，再用灭菌的接种环取培养物少许混入水滴，固体材料不宜过多，见水滴微浊即可，如为液体材料可不必事先加水。然后将接种环及多余材料在火焰上焚化。最后用接种环将材料抹成均匀的薄膜，即为涂片或抹片。取材料不宜过多，否则涂片上细菌重叠，不利于染色和观察。

干燥。一般是放空气中自然干燥。

固定。固定的目的是将涂片中的细菌凝固在载玻片上，不致在以后的染色过程中被冲掉，便于染色。另外，固定也可将绝大多数细菌杀死，免于扩散。一般固定的方法是将涂有材料的一面向上，在火焰上缓缓来回通过数次。也可用甲醇等化学药品固定。

染色。将染色液滴于涂片上，经一定时间后，用水冲去染色液，将载玻片直接干燥或用吸水纸吸干后可镜检。根据待检材料与检查目的的不同，可采用不同染色方法。

（2）血液染色片（血片）的制备

血液染色片制备方法在第二章血液常规检查部分已有叙述，此处不再赘述。

（3）组织染色片的制备

取病料组织一小块，将其切面放在玻片表面轻轻接触几次，然后，任其自然干燥，即成组织触片（或称印片），触片的固定，可根据不同染色法进行。

2. 染色与染色法

用于细菌染色的染料大多为碱性的，常用有亚甲蓝（美蓝）复红、结晶紫、龙胆紫、沙黄和孔雀绿等。酸性染料有伊红、酸性复红和胭脂红等。实验室中染料一般都制成饱和溶液，储存于棕色瓶中，以便随时配制。

常用染色方法在第二章血液常规检查部分已有叙述，此处不再赘述。

（三）细菌形态检查的要点

将细菌制成不染色或染色标本后，进行形态与染色性的检查。不论何种细菌，在进行形态学检查时，都必须首先用革兰氏染色法进行染色，是否用其他染色法可视需要情况而定。对于天然病理材料制成的涂片，除用革兰氏染色外，尚须用瑞氏染色或吉姆萨氏染色。当细菌材料制成染色片进行镜检时，除应注意细菌的形状、排列、结构、大小和染色性等，还应用培养物制成湿片，检查其运动性。①

二、细菌的分离培养技术

不论是应用细菌学方法诊断传染病，还是利用细菌材料进行有关的试验研究，都必须首先获得纯种细菌的培养物。因此，细菌的分离培养技术是畜禽疫病诊断实验室人员必须掌握的一项最重要的基本操作。

（一）培养基

1. 类型

按细菌的性状可分为固体、半固体和液体培养基；按其用途分为基础培养基、增菌培养基、选择培养基、鉴别培养基和厌氧培养基。

基础培养基。只有基础培养成分，有液体、半固体及固体之分。可在此培养基上添加某些成分而制成其他培养基，为制备多种培养基的基础。

增菌培养基。一般为液体培养基，主要是由于某些标本中含病原菌较少，直接接种琼脂平板阳性率低，为了提高检出率，先在增菌培养基中进行增菌培养，以增加病原菌的数目，然后再转种培养。

选择培养基。在培养基中加入选择性抑制物质，有利于目的菌的检出和识别，而抑制其他非目的菌。例如，麦康凯琼脂平板可以抑制球菌及革兰阳性杆菌生长，有利于肠道菌生长，称弱选择性培养基；SS 琼脂平板除有上述作用外，还可抑制

① 舒黛廉．动物病原微生物检测技术 [M]. 郑州：黄河水利出版社，2014.

肠道非致病菌的生长，故称强选择性培养基。

鉴别培养基。培养基中加入某些特定成分（如糖、醇类和指示剂等）用于观察细菌各种生化反应，以鉴别和鉴定细菌。

厌氧培养基。用于分离、培养厌氧菌。营养成分较佳，通常含血清、维生素K和氧化血红素及抗生素等成分。

2. 制作的一般要求

培养基是用人工方法将多种物质按照各类微生物生长的需要而合成的一种混合营养（微生物生长和繁殖的基地），尽管培养基的种类不同，但在制作培养基时应掌握以下要求。

培养基内必须含有细菌生长所需要的营养物质；否则，细菌就不能生长。

因为细菌主要靠液体的扩散和渗透而摄取营养，所以培养基应有适当的湿度，否则会影响细菌的生长繁殖。

培养基的酸碱度应该符合细菌的生长要求，多数细菌生长适宜的pH（酸碱度）范围是弱碱性（pH7.2 ~ 7.6），过酸或过碱均抑制细菌的生长。

培养基的材料中和盛培养基的容器，不应有抑制细菌生长的物质。因此，制作培养基时多用玻璃制品，而不用铁、铜、铝等制品。

为了便于观察细菌生长性状及其代谢活动所产生的变化，培养基应是透明的。

制备好的培养基必须彻底灭菌，不得含有任何活的细菌。

3. 制备的步骤和方法

（1）称量

称取原料根据不同细菌生长要求，准确地称量培养基的各种原料，置于三角瓶或烧杯中，加入规定量的蒸馏水混合。

（2）加热溶解

将盛有原料和水的三角瓶或烧杯，放在水浴锅中加热溶解。

（3）校正pH

比色管法在培养基溶解后，根据细菌的生长要求来校正培养基的pH。

若没有标准比色管，可用pH试纸法。此方法操作简单，方便易行。将培养基调整到适宜的酸碱度后，再加热煮沸10 ~ 20min。

（4）过滤

液体培养基可直接用滤纸过滤。固体培养基可用纱布棉花和漏斗过滤，为防止培养基凝固可使用市售的保温漏斗，在漏斗的套层内加上热水。

（5）分装

用漏斗过滤时，可直接将滤出的培养基分装于试管或玻璃瓶中。分装时勿使培养基沾到管口上，以免棉塞沾上培养基，造成污染。肉汤或斜面琼脂培养基，每管 3 ～ 5mL，深层琼脂培养基每管 10mL 左右（约为试管的 1/2），分装后加上棉塞，并用牛皮纸或 3 ～ 4 层报纸将棉塞处包扎。

（6）灭菌

分装并包扎好的培养基，根据培养基成分的耐热性，分别进行高压（0.1mPa）、低压（0.06mPa）和流通蒸气灭菌，以使培养基内无任何活的细菌。

灭菌好的培养基，如果是斜面琼脂，趁热斜放在木棒上，使其呈适宜的斜度，凝固后即可使用。如果是深层琼脂、筋胶或半固体培养基，灭菌后，使其立在试管架上即成。如为平板用琼脂，待冷至 60℃左右，以右手持试管或瓶，用左手小指与手掌拔去棉塞，管口立即在火焰上灭菌，然后用左手打开灭菌平皿的盖（开盖大小以能容管口为度），右手将琼脂培养基倾入平皿底内，其量为 15 ～ 18mL，合上盖，待琼脂凝固后，将平板翻转（盖在上面，底在下面），放 37℃温箱中，培养 24h，若无细菌污染即可应用或放入 4℃保存备用。

（二）培养基的制备

1. 液体培养基

（1）肉水

成分：瘦牛肉 500g（牛肉膏 3 ～ 5g），常水 1000mL。

制法：取新鲜瘦牛肉，除去脂肪、腱膜，切成小块，用绞肉机绞碎。称量：加倍量水，混合浸泡，放置冰箱内过夜，次日取出，煮沸 20min，加水补足失去的水分。如无冰箱，可直接加热煮沸 1h。过滤：用纱布棉花过滤。分装在瓶内，于 0.1MPa 压力下，灭菌 20 ～ 30min，放冰箱中保存。

用途：为制备各种培养基的基础液。

（2）营养肉汤培养基

成分：肉水 1000mL，蛋白质 10g，氯化钠 5g。

制法：取上述成分混合加热溶解，校正 pH 为 7.6，再加热 10min，若无沉渣即可过滤，如在液体中悬浮很多小颗粒，加热时间需加长，等全部沉下，过滤，分装于试管、三角瓶内，包装灭菌，0.1MPa 压力 30min。

用途：肉汤为基础培养基，可做其他固体、鉴别及特殊培养基的原料。除少数病菌外，一般细菌均可在此培养基内生长。

注：①可用市售牛肉浸膏代替牛肉汤；牛肉膏 3 ~ 5g，蛋白胨 10g，氯化钠 5g，蒸馏水 1000mL。②可用市售营养肉汤培养基制作。

（3）马丁氏蛋白溶液

成分：猪胃数个，纯盐酸 15mL，过滤水 150mL。

制法：将猪胃去掉筋膜、脂肪，用绞肉机绞碎，每 300g 猪胃用纯盐酸 15mL，过滤水 150mL，于 50℃下消化 24h，取出热至 80℃，使其停止消化并用碱中和，然后用棉花过滤，分装于瓶内，0.1mPa 压力灭菌 15min，然后放在冰箱中备用。

用途：供一些营养要求较高的细菌用，也可代替肉汤等基础培养基。

（4）四硫磺酸盐肉汤

成分：①基础液，多价胨或际胨 5g，胆盐 1g，碳酸钙 10g，硫代硫酸钠 30g，水 1000mL。②碘液，碘 6g，碘化钾 5g，水 20mL。

制法：将基础液各成分混合，加热溶解，分装试管，每管 10mL，分装时注意振荡，使碳酸钙均匀地分装在试管内，在 0.1mPa 压力下，灭菌 20min。临用前每管加碘液 0.2mL。

用途：沙门氏菌增菌培养用。

注：可用市售四硫磺酸盐培养基制作。

（5）四硫磺酸钠煌绿增菌液（TTB）

基础培养基：多价胨或际胨 5g，胆盐 1g，碳酸钙 10g，硫代硫酸钠 30g，蒸馏水 1000mL。

碘溶液：碘片 6g，碘化钾 5g，蒸馏水 20mL。

将基础培养基的各成分加入蒸馏水中，加热溶解，分装每瓶 100mL，装时应随时振摇，使其中的碳酸钙混匀。121℃高压灭菌 15min 备用。先将碘化钾加于 10mL 的蒸馏水中，溶解后再加碘片，用力摇匀，使碘片完全溶解后再加蒸馏水至足量，临用时每 100mL 基础液加入碘溶液 2mL，0.1% 煌绿溶液 1mL。

（6）煌绿增菌培养基

成分：含 0.5% 氯化钠和 1% 蛋白胨的蛋白胨液（pH 为 7.0 灭菌待用），1 ∶ 10000 煌绿水溶液（先配成 1% 水溶液，灭菌待用，应用时可取出 0.1mL 加入 9.9mL 灭菌蒸馏水中）。

制法：取灭菌试管 3 支，以灭菌吸管吸取 1% 蛋白溶液加入各管中，每管 10mL，再分别加入不同量（0.25mL，0.4mL 及 0.7mL）的 1 ∶ 10000 煌绿水溶液。

用途：分离肠道中的沙门氏菌。

注：将粪便用灭菌生理盐水做成浓悬液（如为液状粪便或保存在缓冲液中的粪便不需要做悬液），取 2 ～ 3 铂耳（接种环）粪便悬液接种在上述各管中，在 37℃温箱内培养 12 ～ 18h 后，即接种在选择培养基如伊红美蓝琼脂平板上。在煌绿培养基中，沙门氏菌生长较大肠杆菌快，有时可获得前者的纯培养。这种培养基主要依靠适当浓度的煌绿对大肠杆菌有选择性的抑制作用，上述量一般对大肠杆菌的生长有抑制作用，也能抑制志贺氏菌，对沙门氏菌的生长则无影响，但偶尔有个别对煌绿有抵抗力的大肠杆菌生长。

（7）氯化镁孔雀绿增菌液（MM）

成分：①甲液。胰蛋白胨 5g，氯化钠 8g，磷酸二氢钾 1.6g，蒸馏水 1000mL。②乙液。氯化镁 40g，蒸馏水 100mL。③丙液。0.4% 孔雀绿水溶液。

制法：分别按上述成分配好后，0.1mPa 压力下灭菌 20min，备用。用时以无菌操作取甲液 100mL，乙液 20mL 和丙液 3mL 混合后，分装试管，每管 5mL。

用途：沙门氏菌增菌用。

注：沙门氏菌增菌效果可用下述方法检查，先培养大肠杆菌和沙门氏菌 24h 培养物各一管备用。取一环沙门氏菌接种在 5mL 肉汤中，混合后，取一环接种在第二管肉汤中，混合。然后在两种稀释液中各取一环分别接种于两支增菌肉汤中，并各加 0.1mL 大肠杆菌培养物，置 37℃温箱中培养过夜，各取一环在麦康凯琼脂上分离培养，如效果良好，应均有沙门氏菌的菌落出现。

2. 固体培养基

（1）营养琼脂培养基（普通琼脂）

成分：肉水 1000mL，蛋白胨 10g，氯化钠 5g，琼脂 20 ～ 30g。

制法：取肉水 1000mL，加入蛋白胨、氯化钠和琼脂，混合加热，使其完全融化，校正 pH 为 7.4 ～ 7.6，再加热约 30min。使用保温漏斗过滤或待沉淀凝固后切去底部沉渣。分装于试管或三角瓶中，0.1mPa 压力下，灭菌 30min。

用途：一般细菌的分离培养，保存菌种，也可做特殊培养基的基础。

注：可用市售营养琼脂培养基制作。

（2）半固体培养基

成分：肉汤培养基 100mL，琼脂 0.3g。

制法：将琼脂加入肉汤培养基中，加热溶化，校正 pH 为 7.6，加热 10 ~ 20min，沉淀。用保温漏斗过滤或待沉淀凝固后，切去底部沉渣。分装深层或 U 形管，0.1mPa 压力下，灭菌 30min。

用途：菌种保存，观察细菌运动力。

（3）血液琼脂培养基

成分：营养琼脂培养基 100mL，无菌脱纤绵羊血液 10mL。

制法：取灭菌营养琼脂培养基 100mL，加热溶化，待冷至 50℃时，以无菌手续加入脱纤血 10mL，轻轻摇匀，倾注于灭菌平皿中或分装试管内放置成斜面。经无菌检查后，即可放入冰箱中保存备用。

注意：琼脂温度以 50℃左右为宜，若温度过高，血液变成暗褐色，温度过低，琼脂易凝固成块。此外，加入血液后，要轻轻摇匀，防止产生气泡。

用途：血液内含有丰富的营养物质，对细菌的生长繁殖有促进作用，故可用于营养要求较高的细菌培养。此外，尚可观察细菌的溶血现象。

（4）巧克力琼脂培养基

成分：普通琼脂培养基 100mL，无菌脱纤绵羊血液 10mL。

制法：取已制备好的普通琼脂，加热溶化，待冷至 55℃左右，以无菌操作加入脱纤血液，混匀后，逐渐加温到 85℃，使红细胞破坏，培养基变成巧克力色（暗褐色），制斜面或平板，凝固后，放置于 37℃温箱中，经无菌检查后放入冰箱中，保存备用。

用途：此培养基中含有 X 和 V 因子，用于嗜血杆菌属放线杆菌属细菌的培养。

（5）血清琼脂

成分：灭菌普通琼脂 100mL，无菌血清（马、牛或羊）10mL。

制法：取已制备好的普通琼脂加热溶化，待冷至 50℃，加入无菌血清，混匀，倾入灭菌的平皿或试管，试管放置成斜面，凝固后，放入温箱培养 24h，无细菌生长者即可应用。

用途：用于营养要求较高的细菌培养和菌落性状检查。

（6）肝汤琼脂

成分：肝浸出液 500mL，蛋白质 10g，氯化钠 5g，蒸馏水 500mL，琼脂 20g。

制法：将上述成分混合加热溶化，校正pH为6.8 ~ 7.2，再加热10min，如无沉渣悬在培养基中即可用纱布棉花过滤，分装试管或瓶内，以0.1MPa20min灭菌备用。

用途：作血清（血液）肝汤琼脂的基础培养基或培养其他细菌用。

（7）血清肝汤琼脂

成分：灭菌肝汤琼脂100mL，无菌血清10mL。

制法：将灭菌肝汤琼脂加热溶化，加入无菌血清混匀制成平板或斜面。若制作血液肝汤琼脂，可用无菌脱纤血代替血清。

用途：培养李氏杆菌用。

第二节　病毒学检验基本技术

一、动物感染实验检查法

实验动物在病毒学研究上用于分离和鉴定病毒、抗原及免疫血清的制备，以及病毒致病性、免疫性、发病机制、药物效果的研究等。此外，实验动物还可供给组织培养需要的材料，如组织、血清以及血清学试验需要的补体和各种动物的红细胞，如鸡、羊红细胞等。[①]

（一）实验动物的选择

选择实验动物首要条件是对所研究病毒的易感性要高，动物要健康，在可能条件下，尽量使用纯种动物。用于试验的动物，试验前就进行仔细检查，以免误用有病的动物。健康小白鼠一般表现为毛光滑、反应灵活、有精神。同一实验应选用大小一致的动物，通常以年龄或体重为标准。在正常发育情况下，动物的体重和年龄有相对平行的关系。某些实验最好选用同一性别，特别是免疫的动物和需要观察较长时间的实验动物。有些实验要求使用纯系动物。

（二）动物实验的麻醉

在动物实验中，有时要对实验动物进行麻醉，以便于实验操作。动物是否需

① 王茂森，郭健，逯春香．兽医传染病学研究[M]．银川：宁夏人民出版社，2020.

要麻醉，主要取决于接种途径，一般有鼻腔接种（包括小鼠、大白鼠、地鼠、豚鼠等）及脑内接种（包括大白鼠、豚鼠、猴等）和家兔角膜接种需要麻醉。

（三）实验动物接种

1. 接种前的准备

（1）病毒分离

发病初期或急性期采取标本，易于分离出病毒。根据不同病毒感染采取病毒可能存在的标本，如上呼吸道感染取鼻咽分泌物、肺部感染取痰液、神经系统感染取脑脊液、肠道感染取粪便、病毒血症期取血液等。病毒在室温中很易灭活，故采得标本后应立即送往病毒实验室，否则，应将标本放在4℃冰箱或液氮中保存。

（2）标本的处理

除菌处理：采集标本应尽可能无菌操作，但有些标本，如粪便、鼻咽拭子等，本身常掺杂有大量的细菌，必须除菌。一般使用抗生素处理。抗生素的浓度及作用时间，视标本而定。如大便，一般加青霉素、链霉素，使最终浓度为1000ug/mL，4℃过夜，也可以10000r/min离心20min，大部分细菌和杂质可以去除；如鼻咽拭子加抗生素最终浓度为2000μg/mL，4℃作用4h，2000r/min离心20min即可。对乙醚有抵抗的病毒，如肠道病毒、鼻病毒、呼肠孤病毒、腺病毒、痘类病毒，可以加等量乙醚4℃过夜除菌。

研磨和稀释：用脑、脊髓等组织作分离病毒标本时，为了游离细胞内病毒，应在研磨器或乳钵中充分研磨。稀释液常用pH7.2 ~ 7.6的肉汤，10%脱脂奶生理盐水，0.5%水解乳蛋白Hank’s液。将组织制成10%悬液。中性甘油保存的标本，如需做脑内注射，应以生理盐水洗2 ~ 3次再研磨，磨好的标本2000r/min离心20min，用上清液接种动物。如怀疑有细菌污染，应再除菌。

（3）实验前动物的准备

实验动物一定要选择对该病毒易感的健康动物，如发现有病或表现反常动物，应从实验动物中剔除。接种实验材料前用酒精棉球消毒皮肤，接种后，再用同法进行消毒。

2. 接种途径与方法

根据实验研究的目的，不同的病毒应选择不同接种途径，如分离侵犯神经系统的病毒常采用脑内接种，而分离侵犯呼吸系统的病毒常采用鼻腔接种。

常用接种方法如下。

（1）脑内接种法

小白鼠脑内接种时用左手大拇指与食指固定鼠头部，用碘酒消毒动物左侧眼、耳之间上部注射部位，然后于眼后角、耳前缘及颅中线所构成三角形的中间进行注射，进针 2 ~ 3mm。乳鼠注射量为 0.02mL，成年鼠为 0.03mL。

豚鼠与家兔：注射部位可选颅中线旁约 5mm 平行线与经动物瞳孔横线交叉处。先拔去颅顶部毛，用碘酒消毒注射部位皮肤，用手固定注射部位皮肤，用锥子刺穿颅骨，拔钻时不要移动固定皮肤，用 25 ~ 26 号针头注射，进针深度 4 ~ 10mm，注射量为 0.1 ~ 0.25mL。一般在麻醉下进行。

（2）皮下注射法

注射部位选皮肤松弛处，如腹部和大腿内侧腹股沟处。注射小白鼠时用左手拇指和食指捏住动物颈部皮肤使腹部向上，将鼠尾与后脚夹于小指与无名指之间，用碘酒消毒皮肤后，右手持带有 23 号针头的注射器，用针头水平方向挑起皮肤，刺入 3 ~ 5mm 处注入液体。注射量一般为 0.1 ~ 0.2mL，豚鼠或家兔注射量为 0.5 ~ 1.0mL。

（3）皮内接种法

注射部位可选背部或腹部，用左手拇指、食指提起注射部位皮肤，用 26 号针头平行刺入皮肤 2 ~ 3mm 处注入液体，注射量为 0.1 ~ 0.2mL，此法一般用于较大动物（如豚鼠、家兔等）的接种。

（4）腹腔接种法

在腹股沟处平行刺入皮下少许，然后向下斜行，通过腹部肌肉进入腹腔即可注射。小白鼠腹腔注射量为 0.3mL；豚鼠及家兔注射量为 0.5 ~ 5.0mL。

（5）静脉接种法

小白鼠及大白鼠的静脉接种一般采用尾静脉注射，可先将尾部置于 50 ~ 55℃水浴中浸泡 0.5 ~ 1min 以使静脉扩张。注射时将动物放入特制的固定器内，或用鼠缸倒置将鼠扣住在桌沿使其尾部露出，用左手中指与拇指将尾拉直，食指托住尾部，右手持带 26 号针头的注射器，选适当部位平行刺入，开始注射要慢，如推动针筒时溶液容易进入即在静脉内，如果有阻力则不在静脉内。注射前应将针筒内空气泡排尽，如不慎将空气注入静脉，动物会立即死亡。注射量：小白鼠为 0.2 ~ 1.0mL，大白鼠为 0.5 ~ 2.0mL。

鸡静脉注射一般采用翅下肱静脉注射；豚鼠、猴、狗、猪则采用外隐静脉注射。

（6）鼻腔接种法

动物须先用乙醚麻醉，大动物可用麻醉口罩，小动物可用有盖的玻璃缸，缸内放一块浸乙醚的脱脂棉，将小鼠放入缸内使之轻度麻醉。左手拇指、中指及食指持小鼠并将其头部仰起，右手持注射器将接种物滴入鼻腔，接种量小白鼠为0.03 ~ 0.05mL，大白鼠为0.05 ~ 0.1mL。

（7）家兔角膜注射

用乙醚或5%可卡因作局部麻醉，用细针尖轻轻在角膜上划三道，其方向与眼裂平行，滴溶液2 ~ 3滴，接种后48 ~ 72h观察结果。

（8）小鼠经口接种

左手持小鼠并将其头部仰起，用自制的具有钝端的注射针头放入小鼠口腔，稍触其上颚后部引起动物吞咽反射，然后接种。一般可接种0.2 ~ 0.5mL。

（四）动物采血法

1. 心脏采血法

一般用于较大动物，如家兔，豚鼠、鸡等。用19 ~ 20号针头由预定部位刺入心脏，微微抽移针筒即抽得血液。

2. 颈动物采血法

动物仰卧固定，纵向切开前颈部皮肤4 ~ 5cm，剥离皮下组织，静脉在上，动脉在下，用刀柄分离出明显搏动的颈动脉。将颈动脉与迷走神经剥离2 ~ 3cm长，在远心端将动脉结扎，近心端用止血钳夹住，于中央剪一小孔，插入玻璃弯管，用丝线结扎紧，然后放松止血钳，使血液经玻璃弯管流入消毒容器内，此法可用于家兔、豚鼠等的采血。

3. 静脉采血法

鸡、鸽等少量取血可由翅下肱静脉采血。将动物以仰卧姿势固定，用手指压静脉上部使血管充血，用23号针头刺入静脉内，抽拉针筒即可。

家兔如小量取血，可采用耳静脉取血法，剃去耳缘毛，用浸二甲苯的棉球擦拭耳边静脉使其扩张，然后涂以无菌凡士林油，防止血液流经耳缘皮肤时凝固。然后用刀片尖端纵向切开静脉，将耳保持水平，使其侧缘朝下，用消毒试管接流出的血液。

小白鼠可采用左前肢腋窝下放血，其方法是将小鼠仰卧固定，左胸部皮肤剪开，剥离皮肤与肌肉向左前肢展开成袋状，用剪刀将左前肢下静脉剪开，用消毒毛细吸管吸取流出的血液。

4. 眼眶采血法

用左手将小鼠固定在桌面上，稍用力把头部往下压，使眼球往外突出，右手拿一毛细吸管，从眼球边上插入眼球底部，血液即可流入毛细吸管内；或者右手持一眼科镊子将眼球摘出，用试管接滴下的血液。

（五）感染动物的观察及病毒鉴定

1. 感染动物的观察

接种后，每日观察动物发病情况，如动物死亡，则取病变组织制成悬液，继续接种动物进行传代，以使病毒大量增殖。如动物不发病，也应盲传 2 ~ 3 次，若仍不发病，才能判断为分离培养阴性。

动物接种后主要观察有无发病症状，以小白鼠为例，应注意有无皮毛粗糙、活动减少（或增加）、不正常行动，振颤、绕圈、尾巴强直或麻痹症状，做回旋试验时（手提尾巴，将鼠倒悬、旋转）则症状加重，有转圈和抽搐等现象，严重的可以抽搐至死。脑内接种一般观察 2 周，皮下或其他途径接种观察 3 周。

首先注意感染动物的饮食、活动能力及粪便情况。

有些试验需要测量动物的体重及体温。体重及体温应于每天同一时间测定。为便于比较，确定感染后的真实变化，在感染前就进行 3 天的体重及体温测量。

注意局部反应及全身反应情况。神经系统病毒感染可出现振颤、毛松、软弱、弓背、不安、抽搐以致死亡等全身症状；呼吸系统病毒感染，如流感病毒鼠适应株感染后，小白鼠可出现咳嗽、呼吸加快、食少、不活动等症状。

2. 病毒的鉴定

经动物接种分离到能稳定传代的病毒，如能确证无细菌污染，或经除菌过滤（玻璃滤器 C–5）仍无碍其繁殖力与致病力，就可以认为已分离出病毒，但究竟是属于哪一种，须进行鉴定。

根据临床症状、流行病学特点、分离病毒的材料，可以初步推断是哪一种病毒。动物发病的潜伏期，在初步鉴定上也是很重要的。如乙脑病毒小白鼠脑内注射的潜伏期一般是 4 天，如感染量小，潜伏期可以延长，但感染量再大，潜伏期也不能短于 3.5 ~ 4 天，如 2 天死亡，可以肯定不是乙脑。

病毒的理化性质也是鉴定病毒的重要方法，如病毒核酸性试验、乙醚敏感试验、耐酸性试验等。

将分离到的病毒与已知病毒的标准血清做中和试验、补体结合试验或血凝抑制试验进行鉴定。免疫荧光、免疫过氧化物酶试验检测病毒的抗原。

病毒基因组限制性内切酶的分析鉴定，核酸杂交，聚合酶链反应（PCR）检测病毒核酸进行鉴定。

含有高浓度病毒粒（10^7 个 /mL）的样品，可直接用电镜进行观察，这是诊断病毒感染最快速的方法。如果病毒颗粒浓度低，则需要浓缩后再观察。利用病毒特异性抗体结合的免疫电镜可以提高鉴定病毒的敏感性。

二、禽胚培养检查法

（一）禽胚培养技术的应用

许多人和动物的病毒，特别是禽类的病毒都能在禽胚上生长繁殖，因此，禽胚培养是常用的病毒分离培养方法之一。用于这些病毒的分离、鉴定、制备抗原，疫苗生产以及研究病毒性质等方面。此外，衣原体、立克次氏体也可用禽胚进行分离培养。

禽胚培养法有不少优点：其易感病毒谱较广，所有禽类病毒均有适宜生长的禽胚；组织分化程度低，可选择适当途径接种，病毒易于繁殖，感染病毒的禽胚和液体中含有大量病毒；禽胚通常无菌，对接种的病毒也不产生抗体；来源充足，价格低廉；操作简单，无须特殊设备或条件；等等。

（二）器材准备

1. 孵卵箱

孵卵箱用于给受精卵提供发育的条件和培育接种病毒后的禽胚。要求恒温恒湿，并进行气体交换和翻卵。市售有自动调节温度、湿度、气流及翻卵的专用孵化箱，也可用普通的恒温培养箱代替，然后于恒温培养箱最低处放置一个盛有水的瓷盘或浅盆来保持湿度，并进行人工翻蛋。

2. 检卵器

检卵器用于观察禽胚的生长情况及接种病毒后禽胚的变化。有市售专用检卵器。也可自制，一种是铁制（或木制）的小暗室，暗室内安装一灯泡，侧面开一透光圆口，周围护以棉布或橡皮之类以防碰破卵，在暗室中将卵置于圆口处即可观察；另一种是用木板制一稍大的木盒（约 35cm × 25cm × 20cm），木盒中间有一隔板，隔板中部开一卵圆形孔，周围同样护以棉布等以防碰破卵，隔板的下半层装一灯泡，上半层为一暗室，暗室的上方开一小孔，以便用眼检视禽胚，暗室的两侧各开有一口可供手伸入暗室转动禽胚和进行标记。检卵时，手从暗室两侧的口将卵置于隔板的孔上，打开隔板下层的灯泡，即可从暗室上方的小孔观察。

3. 开卵钻

开卵钻用于卵壳钻孔或除去小片卵壳。实验室小量时一般是用钢锥轻击卵壳或钢锉锉磨卵壳来进行钻孔或除去小片卵壳。但这样做的速度慢、效率低，可用小马达上装上砂轮针或砂轮片来完成。生物制品大量开钻禽胚是用特制的环形电烙。

4. 卵盘

卵盘为接种前后和接种时放置禽胚所用；市售专用的孵卵箱内配有孵育禽胚时盛放禽胚的卵盘。自制孵育和接种时放置禽胚的卵盘一般是上有圆形或卵圆形凹孔数行的正方形或长方形木板。

5. 无菌室或超净工作台

为避免污染，接种和收获禽胚一般需在无菌室或超净工作台内进行，无菌室或超净工作台内装有紫外灯，以便于接种前后消毒。

6. 其他

注射器及针头：1 ~ 10mL 注射器和 6 ~ 8 号针头若干。消毒剂：2.5% 碘酒、75% 酒精、2% 甲酚皂溶液等。解剖器：中号镊子，眼科剪和镊，备收获时镊取、分割、解剖胚胎用。毛细吸管：收获尿液、羊水用；还需备酒精灯、试管架、橡皮乳头、橡皮塞、洗耳球、无菌的平皿、试管、吸管、三角瓶、烧杯、研磨器及乳钵、胶布或玻璃胶纸、蜡、封孔用等。

（三）禽胚的选择及孵育（以鸡胚为例）

1. 鸡卵的选择

应选择健康、无母源抗体并已受精的白色鸡卵；于产后 10 天内（5 天内更好）

入孵；孵育前的鸡卵不宜高温保存，需保存于 4 ~ 20℃（以 10℃条件下最好）；孵育时如卵壳干净则不必擦洗，因擦洗能去掉受精鸡卵外壳上的胶状覆盖物的保护，反而容易导致细菌污染，如有粪便污染而非洗不可时，可清水冲洗干净后用 3% 甲酚皂溶液或 0.1% 新洁尔灭浸泡消毒 10 ~ 15min。

2. 孵育

鸡胚发育的最适温度为 38 ~ 39℃，相对湿度为 40% ~ 70%，最好要有空气流通，孵育 3 天后每天翻卵 1 ~ 2 次，主要是保证气体交换均匀，使鸡胚发育齐全，避免鸡胚膜粘连和半边发育现象。现有孵卵专用的孵卵箱，可恒温、恒湿、自动进行气体交换和翻蛋，使用方便。如实验室少量孵育，无专用孵卵箱，也可用普通的恒温培养箱孵育，并于恒温培养箱最低处放置一个盛有水的瓷盘或浅盆来保持湿度，且每天进行人工翻蛋。

3. 检卵

孵育 4 ~ 5 天后即可于检卵灯上检查鸡胚受精与否及发育情况。未受精卵 4 天后仅见模糊卵黄黑影，无鸡胚迹象。活的鸡胚 4 日后即可见清晰的蜘蛛网状血管分布，并有刚刚发育的胚胎，随着日龄的增大，可清楚看到胚胎的自主活动和绒毛尿囊膜上的血管。

鸡胚的死活可根据胎动、血管清晰度和绒毛尿囊膜发育之界限三方面综合判断。

（1）胎动

活胚于检卵灯上可见明显的自然运动，死胚不能运动。但应注意胚龄较大的鸡胚（14 日、15 日龄后）胎动不明显，甚至无胎动。

（2）血管清晰度

活胚可见明显的血管，卵壳较薄者可见血管搏动；死胚血管模糊昏暗或折断沉落。

（3）绒毛尿囊膜发育之界限

活胚可见密布血管的绒毛尿囊膜，且与鸡胚胎的另一面形成较明显的界限；死胚绒毛尿囊膜界限模糊，其上的血管变细色浅，有时看到一条红色带，这是血管出血之故。

（四）禽胚的接种和收获

禽胚的接种方法有绒毛尿囊膜接种、绒毛尿囊腔接种、卵黄囊接种、羊膜腔接种、脑内接种、静脉接种、去鸡胚卵接种。收获在原则上是接种什么部位，则收获该部位材料。至于选用何种接种方法，应考虑所接种病毒的最适感染部位，最佳接种胚龄和获得最大的病毒滴度等。在禽胚的所有接种方法中，最常用的接种方法是绒毛尿囊腔接种，其次是绒毛尿囊膜接种、卵黄囊接种和羊膜腔接种。下面以鸡胚为例，就各种接种方法加以介绍。

1. 尿囊腔接种

接种方法。取 9 ~ 11 日龄发育良好的鸡胚，照蛋画出气室及胚胎头部，将鸡胚气室向上直立于卵盘上，用碘酒和酒精棉球消毒气室部卵壳后，用火焰消毒过的钢锥在气室顶端蛋壳消毒处钻一小孔（注意用力要稳，恰好使蛋壳打破而不伤及壳膜），针头从小孔处插入约半寸深，估计已穿过壳膜和绒毛尿囊膜但距胚胎还有半指距离即可注射，注射量 0.05 ~ 0.2mL。进针孔也可开在气室部距气室边缘 3mm 左右处，并避开头部和血管，垂直刺入 1 ~ 1.5cm 即可。注射完毕，用熔好的石蜡或消毒胶布封口，气室向上直立于 33 ~ 37℃（据病毒种类而定）温箱中孵育。

收获方法。接种后每天最少检查两次（每 6h 一次更好），接种后 24h 以内死亡的鸡胚，一般认为是鸡胚受损（如机械损伤、细菌或霉菌污染等）所致，不是病毒引起的死亡，应弃去。将 24h 以后死亡的鸡胚和 48 ~ 72h 的活胚（不引起鸡胚死亡的病毒应弃去死胚）置 4℃冰箱中数小时或过夜（使血管收缩，避免收获时出血，急于收获也可置 -20℃冰箱 30min 至 1h）即可收获。

将鸡胚气室向上直立于卵盘上，气室部卵壳用碘酒和酒精棉球消毒后用无菌镊子除去该部卵壳及壳膜，换无菌镊子将绒毛尿囊膜撕破而不破羊膜，左手持镊子轻轻按住胚胎，右手持无菌毛细吸管或消毒注射器吸取绒毛尿囊液置于无菌容器中，一般可收获 5 ~ 8mL，置冰箱中保存备用（一般是低温冰箱冻结保存）。吸取时，吸管尖位于胚胎对面，管尖放在镊子两头之间，如管尖不放到两个镊子中间，游离的膜便会挡住管尖吸不出液体。如需同时收集很多时，可将吸管用橡胶管连接抽滤瓶吸取。收集的液体应清亮，浑浊则往往表示有细菌污染。同时作无菌检查，不合格者废弃。

2. 卵黄囊接种

接种方法。取 5 ～ 8 日龄的鸡胚，画出气室和头部位置。可从气室顶部中央接种（针头插入 3 ～ 4cm），接种量 0.1 ～ 0.5mL，接种时的钻孔及封闭同绒毛尿囊腔接种法。也可在气室边缘上面 5mm 处消毒打孔，将针头呈 60° 角刺入 30 ～ 35mm（大约鸡胚的 1/2 长径处）接种。

收获方法。接种后的孵育和检卵同上，将鸡胚气室向上直立于卵盘上，气室部卵壳用碘酒和酒精棉球消毒后用无菌镊子除去该部卵壳及壳膜，换无菌镊子将绒毛尿囊膜和羊膜撕破，提起鸡胚，夹住卵黄带，分离绒毛尿囊膜，置鸡胚与卵黄囊于无菌平皿内，用无菌生理盐水冲去卵黄，分别将鸡胚（除去眼、爪、嘴）和卵黄囊置于无菌容器中，低温冰箱保存备用。必要时可收集胚液。

第五章　畜牧的人工授精

第一节　采精

精液的采集是人工授精工作中的重要技术环节，指利用器械采集到量多、质优、无污染的精液。

一、采精前的准备

（一）采精场地的要求和主要设施

采精应在良好和固定的环境中进行，以便公畜建立巩固的条件反射，同时也是防止精液污染的基本条件。采精场应该宽敞、平坦、安静、清洁，场内设有采精架以保定台畜，供公畜爬跨进行采精。

理想的采精场所应同时设有室外和室内采精场地，并与精液处理操作室和公畜舍相连。室内采精场的面积一般为 10m × 10m，并附有喷洒消毒和紫外线照射杀菌设备。

（二）台畜的应用与种公畜的调教

台畜，是供公畜爬跨射精时进行精液采集用的采精台架，可分为活台畜和假台畜两类。采精时，活台畜应选择健康、体壮，大小适中，性情温顺的发情母畜，或经过训练的公、母畜作台畜，有利于刺激种公畜的性反射，效果较好。采精前，应先将台畜进行保定，并对其后躯进行全面彻底的清洗消毒，以免造成精液污染。

所谓假台畜是指用钢筋、木料等材料模仿家畜的外形制成的固定支架，其大小与真畜相似。假台畜的外围可覆以棉絮、泡沫等柔软物或用畜皮包裹，有的还设计了内部固定的假阴道装置，下有车轮和轨道，可自动进退和调节高低。用假台畜采精，简单方便而且安全，是一种有效方法，各种家畜都可采用。特别在猪，由于其射精时间长，用活台畜进行采精操作极为不便，而猪用假台畜结构简单，有轻巧灵活的长凳式或具有高低调节装置的两端式，方便实用，加之公猪容易训练其爬跨假台畜，所以猪采精时都使用假台畜。

对于初次使用假台畜进行采精的种公畜必须进行调教。调教的方法有很多，可根据具体情况选择使用。常用的调教方法有：①在假台畜的后躯涂抹发情母畜阴道分泌物、尿液或外激素，以引起公畜的性兴奋，并诱导其爬跨假台畜，多数公畜经几次调教后即可成功。②在假台畜的旁边安置一发情母畜，引起公畜性欲和爬跨之后，不让其交配而将其拉下。反复几次，当公畜的性兴奋达到高峰时将母畜迅速牵走，诱其爬跨假台畜采精，成功率较高。该种方法特别适用于种公猪的调教。利用另一头公猪爬跨过的假台畜，或将其他公猪的尿涂抹在假台畜上，然后让待调教的公猪接触，则会引起公猪的爬跨反射，也能调教成功。③可让待调教的公畜目睹已调教好的公畜利用假台畜采精的过程，进而诱导公畜爬跨假台畜。①

在调教过程中，要反复进行训练，耐心诱导，切勿强迫、抽打、恐吓或其他不良刺激，以防止性抑制而给调教造成困难；要注意人畜安全和公畜生殖器官的清洁卫生。第一次爬跨采精成功后，还要经几次反复，以便建立巩固的条件反射。调教期间，还应注意改善和加强公畜的饲养管理，以保持健壮的种用体况，调教也最好在公畜精力充沛和性欲旺盛的早晨进行。

（三）采精器械与人员的准备

1. 器械的清洗与消毒

采精用的所有人工授精器械，均要求进行严格的消毒，以保证所用器械清洁无菌。这对于减少采精引起的公畜生殖道疾病至关重要。

传统的洗涤剂是 2% ~ 3%的碳酸氢钠或 1% ~ 1.5%的碳酸钠溶液。肥皂或洗衣粉也是采精场常用的洗涤剂，但安全性不及前者。各类器械用洗涤剂洗刷后，务必立即用清水洗净，然后经严格的消毒后才能使用。各类器械因质地不同其消毒方法也有所不同。

（1）玻璃器械

采用电热鼓风干燥箱进行高温干燥消毒，要求温度为 130 ~ 150℃，并保持 20 ~ 30min。也可采用高压蒸汽消毒维持 20min。

---

① 黄爱君 . 提高母猪受精率的关键措施 [J]. 中国畜禽种业，2020（6）：101.

（2）橡胶制品

一般采用75%酒精棉球擦拭消毒，最好再用95%的酒精棉球擦拭一次，以加速挥发残留在橡胶上面的水分和酒精气味，然后用生理盐水冲洗。对于猪、马用的输精胶管，可放入煮沸的开水中浸煮3 ~ 5min，然后用生理盐水冲洗。

（3）金属器械

可用苯扎溴铵等消毒溶液浸泡，然后用生理盐水等冲洗干净。也可用75%的酒精棉球擦拭，或用酒精火焰消毒。

除了对以上器械的消毒外，采精时所用的一些溶液如润滑剂和生理盐水、药棉、纱布、毛巾等常用物品的消毒均可采用隔水煮沸消毒20 ~ 30min，或用高压蒸汽消毒。在进行溶液的消毒时应避免玻璃瓶爆裂。

2. 采精人员的准备

采精人员应具有熟练的采精技术，并熟知每一头公畜的采精条件和特点，采精时动作要敏捷，操作时要注意人畜安全。在采精之前，采精人员应身着紧身利落的工作服，避免与公畜及周围物体钩挂，影响操作。同时还应将指甲剪短磨光，手臂要清洗消毒。

二、采精技术

一种理想的采精方法，应具备下列4个条件：①可以全部收集公畜一次射出的精液；②不影响精液品质；③公畜生殖器官和性机能不会受到损伤或影响；④器械用具简单，使用方便。

公畜的采精方法有很多种，因动物种类不同和环境条件的差异，各类动物选用的采精方法有所不同。经实践证明，假阴道法是较理想的采精方法，适用于各种家畜和部分驯兽；手握法是当前采集公猪精液较普遍使用的方法；按摩法主要用于禽类的采精，也适用于牛和犬；电刺激法在一般情况下只应用于驯养和野生动物的采精。

（一）假阴道采精法

假阴道采精法是用相当于母畜阴道环境条件的人工阴道，诱导公畜在其中射精而取得精液的方法。

1. 公牛采精

（1）假阴道的结构和采精前的准备

假阴道是一筒状结构，主要由外壳、内胎、集精杯及附件组成。外壳为一圆筒，由硬橡胶、金属或塑料制成；内胎为弹性强、薄而柔软无毒的橡胶筒，装在外壳内，构成假阴道内壁；集精杯由暗色玻璃或塑胶制成，装在假阴道的一端。此外，还有固定内胎的胶圈，保定集精杯（牛）用的三角保定带，充气用的活塞和双连球，连接集精瓶（猪）或集精管（牛）的胶漏斗，以及为防止精液污染而敷设在假阴道入口处的泡沫塑料垫等。各种假阴道的形状略异、大小不一，但结构基本相同。

假阴道在使用前要进行洗涤、安装内胎、消毒、冲洗、注水、涂润滑剂、调节温度和压力等步骤，使假阴道具有引起射精反射的适当温度（38 ~ 40℃）、适当压力和一定的润滑度。安装好的假阴道一端应呈“Y”形或“X”形方能使用，其他形状均不能使用。

（2）采精操作

将种公牛牵到台牛旁，采精员手持假阴道，站于台牛的右后侧，面向台牛。当公牛阴茎挺出，前肢跃起爬上台牛的瞬间，采精员手持假阴道，迅速向前一步，将假阴道筒口略向后下方倾斜与公牛阴茎伸出方向成一条直线，紧靠在台畜尻部右侧。左手在包皮口的后方，掌心向上托住包皮将阴茎拨向右侧，导入假阴道内。但要注意，不可用手抓握阴茎，否则会使阴茎缩回。

当公牛用力向前一冲，即表示射精完毕。公牛射精后，采精员左手轻推公牛，右手持假阴道并使集精杯一端略向下倾斜，跟随公牛后移，不要抽出，让其阴茎自行脱出。然后将假阴道直立，筒口向上。放气，待精液全部流入集精杯中，再将集精杯取下，做好牛号标记，将精液立即从窗口送至精液处理室内。

（3）牛采精应注意的事项

第一，公牛第一次射精后，可休息 15min 后进行第二次采精，两次采精各使用一个假阴道。一次采精两个射精量是常用的方法，可减少工作量，而且第二次采集的精液比第一次采到精液污染要小得多。可将两次采集的精液放在一起处理。

第二，采精后，让公牛略作休息，然后赶回牛舍。

第三，要注意人畜安全。牛的交配时间十分短促，只有几秒到十几秒钟，而且公牛射精时向前冲力很大。因此，要求采精人员动作敏捷、准确。另外，应注意假阴道与公牛的阴茎保持方向一致，尤其是在公牛射精瞬间，不正确的操作可能损伤公牛的阴茎。采精过程中，采精人员还要密切注意公牛的行为、动作，防止被公牛踩伤，如果公牛攻击人，采精人员应迅速进入安全通道。采精员应善待牲畜，不得恐吓和打骂种公畜，要注意建立人畜亲和关系，以保证工作的顺利进行。

2. 公羊采精

羊的采精方法与牛基本相同，羊从阴茎勃起到射精只有几秒时间，所以要求操作人员动作更加敏捷、准确。

（1）采精前的准备

一般选择健康的发情母羊做台羊。台羊可保定在采精架内，保定架尺寸应根据台羊的体格设计。公羊采精用假阴道与牛的结构相似，尺寸较小。内胎温度可控制在 39 ~ 41℃，压力以温度计插入和拉出时有一定阻力为宜。公羊采精前用生理盐水冲洗阴筒并挤净擦干。

（2）采精操作

将种公羊牵到台羊旁，采精员手持假阴道，蹲在台羊的右后侧，面向台羊，随时准备操作。当公羊爬上台羊时，采精员应迅速将假阴道外口向后下方倾斜与公羊阴茎伸出方向成一条直线，用左手扶住包皮口的后方，掌心向上托住包皮使阴茎向右偏，将阴茎导入假阴道内。公羊向前一冲说明已经射精。公羊射精后，采精员持假阴道随公羊后移并使集精杯一端略向下，阴茎脱出后，放气，取下集精杯。

如果制作冷冻精液，也可采用一次采精两个射精量的方法。而采用鲜精人工授精的，应随用随采。

3. 公猪采精

公猪进入采精位后，采精员用扫描器扫描公猪电子耳号和采精员的电子牌，计算机打印出精液标签，贴在采精袋上。采精袋和过滤网有卡扣方便与假阴道相连。当公猪爬上假母猪后，采精员先挤净公猪的包皮液，用纸巾清洁公猪外阴，用戴一次性手套的右手锁定公猪龟头，最初射出的精液不收集，用纸巾擦净龟头后，将龟头送入假阴道内，假阴道内腔的压力由一气泵控制。最后卡上过滤网和采精袋，并将采精袋放入塑料保温筒中开始收集精液，直到采精结束，取下假阴道。将精液装入另一塑料筒中，通过气动装置将精液送入实验室。

（二）手握采精法

手握采精法是目前采集公猪精液普遍采用的一种方法，其原理是模仿母猪子宫颈对公猪龟头螺旋部的约束力而刺激射精。该方法具有设备简单、操作方便，能采集公猪浓分精液等优点，但易使精液遭受污染和冷打击。

采精前应先用消毒液洗涤公猪包皮及其附近被毛，再用生理盐水冲洗擦干。采精时，采精员应戴好消毒乳胶（或塑料薄膜）手套，蹲在台猪的右侧或左侧，当公猪爬跨台猪并伸出阴茎时，将公猪螺旋龟头导入握成的空拳中，让阴茎自由抽动片刻，再握紧螺旋部不让龟头转动。当阴茎充分勃起后顺势向前牵拉，手指有弹性并有节奏的松压，即可引起公猪射精。另一只手持覆盖过滤纱布的保温集精杯收集富含精子的精液。公猪射精时间可持续 5 ~ 7min，分 3 ~ 4 次射出。第一次射出的精液，含精子较少且污染大，可不收集。每次射精间隙后不要松手，应按此法再次刺激公猪龟头，直至射精完全结束。

（三）电刺激采精法

电刺激采精法是通过电流刺激有关神经而引起公畜射精的方法。对于育种价值高，因损伤而失去爬跨能力的公畜，或不适宜用其他方法采精的动物，可以使用电刺激采精法。

电刺激采精仪由电极探头和可调的交流电源两大部分组成。电压变化范围是 0 ~ 30V，电流是 0.5 ~ 1.0A。电极探头上的正负极有 2 种排列式，一种是相距 4cm 的环形可变极性的正负极，一种是沿电极探头纵轴排列的 4 根导线，2 个正极，2 个负极。采精时，电极处于直肠内尿生殖道骨盆部的正上方，便于刺激生殖系统的神经。

采精时，须将公畜以侧卧或站立姿势保定，牛、马、鹿等及野生动物在必要时可使用静松灵、氯琥珀胆碱等药物镇静。剪去包皮附近被毛并用生理盐水等冲洗拭干，如能排除直肠内宿粪则效果更好。按动物种类、个体特性，适当调节好频率、刺激电压、电流及时间，调节时，一般由低到高渐次进行。因为副性腺的分泌物排出起始于低电压，而射精则发生于高电压，所以，用电刺激法采得的精液量较大而精子密度较小。

三、采精频率

采精频率是指每周内对公畜的采精次数。合理安排采精频率是持续获取大量优质精液和维持公畜健康水平的重要条件。各种公畜适宜的采精频率是根据公畜的生精能力、精子在附睾内的贮存量、每次射精的精液精子密度以及公畜体况而确定的，而睾丸发育和精子产生数量又与饲养管理密切相关。因此，任何一头公畜在良好的饲养管理条件下适当增加采精频率是可以的。但是，随意增加采精次数，不但会降低精液质量，也会对公畜的生殖机能和健康带来不良影响。各种公畜的适宜采精频率见表 5–1。

表 5–1　正常成年公畜的采精频率及其精液特性

公畜	每周采精次数	平均每次射精量 /mL	平均每次射出精子总数 / 亿	平均每周射出精子总数 / 亿	精子活率 /%	正常精子率 /%
乳牛	2 ~ 6	5 ~ 10	50 ~ 150	150 ~ 400	50 ~ 75	70 ~ 95
肉牛	2 ~ 6	4 ~ 8	50 ~ 100	100 ~ 350	40 ~ 75	65 ~ 90
水牛	2 ~ 6	3 ~ 6	36 ~ 89	80 ~ 300	60 ~ 80	80 ~ 95
马	2 ~ 6	30 ~ 100	50 ~ 150	150 ~ 400	40 ~ 75	60 ~ 90
驴	2 ~ 6	20 ~ 80	30 ~ 100	100 ~ 300	80	90
猪	2 ~ 5	150 ~ 300	300 ~ 600	1000 ~ 1500	50 ~ 80	70 ~ 90
绵羊	7 ~ 25	0.8 ~ 1.2	16 ~ 36	200 ~ 400	60 ~ 80	80 ~ 95
山羊	7 ~ 20	0.5 ~ 1.5	15 ~ 60	250 ~ 350	60 ~ 80	80 ~ 95

在生产实践上，公牛通常每周采精 2 天，每天采 2 次。也可以每周采 3 次，隔日采精。青年公牛精子产量较成年公牛少 1/3 ~ 1/2，采精次数应酌减。公猪、公马射精量大，很快使附睾内贮存精子彻底排空，采精最好隔日一次。如果需要每天采精，则要在连续采精 2 天后，休息 1 ~ 2 天。公绵羊和公山羊射精量少而附睾贮存量大，加之配种季节短，每天可采精多次，连续数周，不会影响精液质量。在生产实践中，通常以出现精液质量下降，尤其是出现未成熟精子（带有原生质滴）或种公畜性欲下降等作为检验公畜采精次数是否过频的表现，这时应立即减少或停止采精。

第二节 精液的保存

一、精液的液态保存

精液保存的目的是延长精子的存活时间并维持其受精能力，便于长途运输，扩大利用范围，增加受配母畜头数，提高优良种公畜的配种效能。

现行的精液保存方法，可分为常温（15 ~ 25℃）保存、低温（0 ~ 5℃）保存和冷冻（–79 ~ –196℃）保存 3 种。前两者的保存温度都在 0℃以上，以液态形式作短期保存，故又称为液态保存；后者保存温度在 0℃以下，以冻结形式作长期保存，故也称为固态保存。无论哪种保存形式，都是以抑制精子代谢活动、降低能量消耗、延长精子存活时间而不丧失受精能力为目的。目前用来抑制精子代谢活动的途径有：①使保存精液与空气隔绝，使精子处于缺氧环境；②加入适宜成分，为精子创造弱酸环境；③降低温度，造成抑制精子活动的低温环境；④加入适量抗生素，抑制细菌繁殖；⑤加入适量营养及保护物质，补充能量，延长精子寿命。

从目前精液保存的方法来看，精液的冷冻保存效果较为理想，但当前只有牛的冷冻精液在生产上应用最为广泛，其他动物的冷冻精液受胎率较低，尚未广泛应用于生产。因此，精液的液态保存仍具有重要的现实意义。

（一）常温保存

常温（15 ~ 25℃）保存是将精液保存在一定变动幅度的室温下，亦称变温保存或室温保存。常温保存所需的设备简单，便于普及推广，特别适宜于猪精液的保存。

1. 原理

常温保存主要是利用一定范围的酸性环境抑制精子的活动，或用冻胶环境来阻止精子运动，以减少其能量消耗，使精子保持在可逆的静止状态而不丧失受精能力。常温有利于微生物生长，因此，还要用抗菌物质抑制微生物对精子的有害影响。此外，加入必要的营养和保护物质，隔绝空气，也会有良好作用。

精子在一定范围的酸性环境是可逆性抑制，通常将 pH 调整到 6.35 左右。为使稀释液的 pH 达到所需范围，通常采取 3 种方法：①向稀释液中充入二氧化碳，如伊利尼变温稀释液（IVT）。②利用精子本身在代谢中产酸，自行调节 pH，如康奈尔大学稀释液（CUE）。③向稀释液中加入有机酸，如乙酸稀释液及一些植物汁液。

2. 常温保存稀释液

（1）猪精液常温保存稀释液

公猪精液在 17℃下保存效果最适宜。由于保存时间不同，稀释液可分不同种类。采精后立即输精的，可不稀释；1 天内输精的，可用一成分稀释液稀释；需要保存 1 ~ 2 天的，可用二成分稀释液稀释；需要保存 3 天以上的，可用 IVT 等综合稀释液稀释（表 5-2）。

表 5-2　猪精液常温保存稀释液

成分		葡萄糖液	葡萄糖、柠檬酸钠液	氨基乙酸卵黄液	葡萄糖、柠檬酸钠、乙二胺四乙酸液	蔗糖、奶粉液	英国变温稀释液（IVT）	葡萄糖、碳酸氢钠、卵黄液	葡－柠－碳－乙－卵黄液
基础液	二水柠檬酸钠 /g	—	0.5	—	0.3	—	2	—	0.18
	碳酸氢钠 /g	—	—	—	—	—	0.21	0.21	0.05
	氯化钾 /g	—	—	—	—	—	0.04	—	—
	葡萄糖 /g	6	5	5	—	—	0.3	4.29	5.1
	蔗糖 /g	—	—	—	—	6	—	—	—
	氨基乙酸 /g	—	—	3	0.1	—	—	—	—
	乙二胺四乙酸 /g	—	—	—	—	—	—	—	0.16
	奶粉 /g	—	—	—	—	5	—	—	—
	氨苯磺胺 /g	—	—	—	—	—	0.3	—	—
	蒸馏水 /mL	100	100	100	100	100	100	100	100
稀释液	基础液（容量）/%	100	100	70	95	96	100	80	97
	卵黄（容量）/%	—	—	30	5	—	—	20	3
	10%安钠咖（容量）/%	—	—	—	—	4	—	—	—
	青霉素 /（IU/mL）	1000	1000	1000	1000	1000	1000	1000	1000
	双氢链霉素 /（μg/mL）	1000	1000	1000	1000	1000	1000	1000	1000

注：通入 CO_2 使 pH 达到 6.35。

（2）马、绵羊精液常温保存稀释液

马、绵羊精液用含有明胶的稀释液，在 10 ～ 14℃下呈凝固状态保存，可达到良好效果。保存绵羊精液在 48h 以上，马精液在 120h 以上，活率为原精液的 70%。葡萄糖、甘油、卵黄稀释液和马奶稀释液分别在 12 ～ 17℃、15 ～ 20℃，保存精液达 2 ～ 3 天。

3. 常温保存方法

通常采用隔水降温方法处理，先将精液与稀释液在 30℃同温下，按一定比例混合后，分装在贮藏瓶内，密封后放入 30℃温水容器内，然后连同容器放进 15 ～ 25℃恒温箱内保存。也可将贮精瓶直接放在室内、地窖或自来水中保存。

（二）低温保存

低温保存是将精液稀释后，置于 0 ～ 5℃环境保存，一般保存效果比常温保存时间长。

1. 原理

低温保存是通过降低温度，使精子的代谢活动减慢，当温度降至 0 ～ 5℃时，精子的代谢较弱，几乎处于休眠状态。因此，可以利用低温抑制精子活动，降低其代谢和能量消耗，抑制微生物生长，同时加入必要的营养和其他成分，并隔绝空气，以达到延长精子存活时间的目的。精液在低温保存一定时期内，当温度回升后精子又逐渐恢复正常代谢机能并维持其受精能力。

精子对冷刺激敏感，特别是从体温急剧降温至 10℃以下时，会使精子发生不可逆的冷休克现象。为此，除在稀释液中加入卵黄、奶类等抗低温物质外，一定要采取缓慢降温的方法，并维持低温保存期间内的温度恒定不变。

2. 低温保存稀释液

（1）牛精液低温保存稀释液

适宜于牛精液低温保存的稀释液有很多，在 0 ～ 5℃下有效保存期可达 7 天，可作高倍稀释。

（2）猪精液低温保存稀释液

猪的浓分精液或离心后的精液，可在 5 ～ 10℃下保存 3 ～ 7 天并保持正常受胎率。

（3）马和绵羊精液低温保存稀释液

马、绵羊精液的低温保存，由于精液本身特性，以及季节配种的影响，精液保存效果比其他家畜差，故在生产中的应用并不普遍。绵羊精液保存时间不超过1天，绵羊和马精液低温保存稀释液见表5–3。

表5–3　绵羊和马精液低温保存稀释液

成分		绵羊			马		
		葡萄糖、柠檬酸钠、卵黄液	柠檬酸钠、氨基乙酸液	奶、卵黄液	奶粉、葡萄糖、卵黄液	葡萄糖、酒石酸钾钠、卵黄液	奶、卵黄液马奶
基础液	二水柠檬酸钠/g	2.8	2.7	–	–	–	–
	葡萄糖/g	0.8	–	–	7	5.76	7
	氨基乙酸/g	–	0.36	–	–	–	–
	酒石酸钾钠/g	–	–	–	–	–	–
	马奶/g	–	–	–	–	–	–
	奶粉/g	–	–	10	10	–	–
	蒸馏水/mL	100	100	100	100	100	100
稀释液	基础液（容量）/%	80	100	90	92	95	95
	卵黄（容量）/%	20	–	10	8	5	5
	青霉素/（IU/mL）	1000	1000	1000	1000	1000	1000
	双氢链霉素/（μg/mL）	1000	1000	1000	1000	1000	1000

3. 低温保存方法

精液进行低温保存时，应采取逐步降温的方法，从30℃降至5 ~ 0℃时以每分钟降0.2℃，用1 ~ 2h完成降温过程为好，以防冷休克的发生。稀释后的精液按输精剂量分装到贮精瓶中，加盖密封，包以数层棉花或纱布，并裹以塑料袋防水，然后将其置于0 ~ 5℃低温环境中。在保存过程中，要维持温度的恒定，防止升温。

低温保存所使用的冷源最理想的是冰箱，也可将冰块放入广口保温瓶内代替。将贮精瓶按上述方法处理后置于冰块之上，盖紧瓶盖。使用该法保存精液时应注意及时补充冰块，以维持瓶内温度的恒定。

低温保存的精液在输精前要进行升温处理。升温的速度对精子影响较小，一般可将贮精瓶直接投入30℃温水中升温即可。

（三）冷冻精液解冻后的液态保存

牛冷冻精液解冻后的液态保存，对无种畜，又缺少冷冻容器和冷源的地区有特殊的实用性。

为延长冷冻精液解冻后的精子存活时间及其受精能力，国外有人通过提高牛冷冻精液的精子密度，于解冻后再稀释，经4～8h保存后用于输精，每次输入500万精子，其受胎率正常。也有人利用含有1.5%浓度的二硫化丙基硫胺素（TPD）牛精液稀释液，保存解冻后的牛冷冻精液，经24h后精子存活率几乎没有降低。

（四）液态精液的运输

为了扩大公畜精液的利用范围、解决母畜不便到人工授精站配种问题、杜绝疾病传播和进行畜群血液更新等，精液运输就成为保证人工授精顺利进行不可缺少的一个环节。液态精液运输时应该注意下列事项。

第一，按规定进行精液的稀释和保存。运输的精液应附有详细的说明书，标明站名、公畜品种和编号、采精日期、精液剂量、稀释液种类、精子活率和密度等。

第二，包装应妥善严密，要有防潮、防震衬垫，包装工具可用精液保温箱、广口保温瓶、冰匣以及其他工具等。

第三，运输过程中，必须保持温度的稳定，切忌温度变化。

第四，尽量避免在运输过程中剧烈震动和碰撞。

二、精液的冷冻保存

精液冷冻保存是利用液氮（–196℃）、干冰（–79℃）或其他制冷材料作为冷源，将精液经过特殊处理后，保存在超低温下，以达到长期保存的目的。

精液冷冻保存是人工授精的一项重大技术突破。它解决了精液长期保存的问题，使精液不受时间、地域和种畜生命的限制，便于开展省际、国际的协作交流，极大限度地提高了优良公畜的利用率，加速了育成和改良品种的步伐。同时，制作冷冻精液已实现了自动化生产，人们建立了动物精液基因库。利用精液冷冻保存技术保存濒危珍稀物种和优良家畜品种的精液，从而有利于生物品种和多样性的长期可持续发展。精液的冷冻保存还有力地推动了家畜繁殖新技术在生产上的应用。

（一）精液冷冻保存的原理

精液经过特殊处理后保存在超低温下，完全抑制了精子的代谢活动，使精子生命在静止状态下保存下来，一旦升温又能复苏而不丧失其繁殖能力。

（二）冷冻保存稀释液

冷冻精液稀释液应具有保护精子免受或减少冻害的作用，其成分也依不同家畜种类而异。冷冻精液稀释液的主要成分与一般低温保存稀释液的成分基本一致，只是加入了一定量的抗冻物质。公牛精液常用冷冻保存稀释液见表 5–4。

表 5–4　公牛精液常用冷冻保存稀释液

成分		乳糖、卵黄甘油液	蔗糖、卵黄甘油液	葡萄糖、卵黄甘油液	葡萄糖、柠檬酸钠、卵黄甘油液	蔗糖、奶粉液	解冻液
				Ⅰ液	Ⅱ液		
基础液	蔗糖 /g	–	12	–	–	–	–
	乳糖 /g	11	–	–	–	–	–
	葡萄糖 /g	–	–	7.5	3.0	–	–
	二水柠檬酸钠 /g	–	5	5	1.4	–	2.9
	蒸馏水 /mL	100	100	100	100	100	100
稀释液	基础液（容量）/%	75	75	70	80	86	–
	卵黄（容量）/%	20	20	20	20	–	–
	甘油（容量）/%	5	5	5	–	14	–
	青霉素 /（IU/mL）	1000	1000	1000	1000	–	–
	双氢链霉素 /（μg/mL）	1000	1000	1000	1000	–	–
适用剂型		颗粒	颗粒	颗粒	细管	细管	颗粒

注：取Ⅰ液 86mL 加入甘油 14mL 即为Ⅱ液。

（三）精液冷冻保存的技术程序

1. 检查精液品质

精液冷冻效果与精液品质密切相关。因此，用作冷冻的公畜精液，品质应比较优良，活率高、密度大。一般原精活力在 0.8 级以上，密度中等以上效果最好。

2. 稀释精液

根据冻精的种类、分装剂型不同，所采用的稀释液、稀释倍数、稀释次数也不一样，一般多采用一次或二次稀释法，三次稀释很少应用。

（1）一次稀释法

常用于颗粒冻精。将含有甘油、卵黄等的稀释液按一定比例加入精液中，适合于低倍稀释。

（2）二次稀释法

为避免甘油与精子接触时间过长而对精子造成危害，采用二次稀释法效果较好。首先用不含甘油的稀释液（Ⅰ液）对精液进行最后稀释倍数的半倍稀释，然后把该精液连同Ⅱ液一起经 1h 缓慢降温至 0 ~ 5℃，并在此温度下第二次稀释。

3. 降温和平衡

降温是指精液稀释后由 30℃以上温度，经 1 ~ 2h 缓慢降温至 0 ~ 5℃，以防低温打击。平衡是指降温后，继续在 0 ~ 5℃的环境中停留 2 ~ 4h，使甘油充分渗入精子内部，起到抗冻作用。

4. 分装精液

冷冻精液常采用颗粒冻精、细管冻精两种分装方法。

（1）颗粒冻精

将平衡好的精液直接滴在经液氮制冷的金属网或塑料板上，冷冻后制成 0.1 ~ 0.2mL 的颗粒。颗粒冻精曾在牛精液冷冻中广泛应用，现多用于猪、马、绵羊及野生动物的冻精剂型，具有成本低、制作方便等优点，但不易标记、解冻麻烦、易受污染。

（2）细管冻精

把平衡后的精液分装到塑料细管中，细管的一端塞有细线或棉花，其间放置少量聚乙烯醇粉（吸水后形成活塞），另一端封口，冷冻后保存。细管的长度约 13cm，容量有 0.25mL、0.5mL 或 1.0mL 剂型。现生产中牛的冻精多用 0.25mL 剂型。细管冻精具有不受污染、容易标记、易贮存、适宜于机械化自动化生产等特点，是最理想的分装方法。

5. 冻结精液

（1）颗粒冻精

在广口液氮瓶上安装铜纱网（或为聚四氟乙烯凹板），调至距液氮面 1 ~ 3cm，预冷几分钟后使纱网或氟板附近温度为 –130 ~ –80℃，将精液均匀地滴在铜纱网上，2 ~ 4min 后，待精液颗粒充分冻结，颜色变浅时，用小铲轻轻铲下颗粒冻精，每个纱布袋中装入 50 ～ 100 粒，沉入液氮保存。

（2）细管冻精

除按上述方法对细管进行熏蒸冷冻外，也可采用液氮浸泡法。把分装好的精液细管密集竖直排列于特制的细管冷冻筐内，放入液氮容器内逐渐浸入液氮中，用计算机精确控制浸入液氮的速度，完成冷冻过程。这种方法启动温度低，冷冻效果好，大大减少了液氮消耗量，简化了冷冻精液生产工艺流程。

6. 解冻与检查

冻精解冻是验证精液冷冻效果的一个必要环节，也是输精前必须进行的工作。方法有低温（0 ～ 5℃）解冻、温水（30 ～ 40℃）解冻和高温（50 ～ 70℃）解冻等。实践证明，温水解冻法特别是 38 ～ 40℃解冻效果最好。

细管冻精可直接投放在温水中解冻，待冻精融化后即可取出备用。

颗粒冻精解冻时需使用解冻液。解冻时取一小试管，加入 1mL 解冻液，放在盛有温水的烧杯中，当与水温相同时，取一粒冻精于小试管内，轻轻摇晃使冻精融化。常用解冻液为 2.9%的柠檬酸钠溶液。

解冻后进行镜检并观察精子活力，活力在 0.3 级以上者才能用于输精。

7. 贮存与运输

冻结的颗粒精液、细管精液，经解冻检查合格后，即按品种、编号、采精日期、型号分别包装，做好标记，转入液氮罐中贮存备用。目前，冻精的贮存多采用液氮作为冷源。

（1）液氮及其特性

液氮是空气中的氮气经压缩、分离形成的一种无色、无味、无毒的液体，沸点温度为 –195.8℃。在常温下，液氮沸腾，吸收空气中的水气形成白色烟雾。液氮具有很强的挥发性，当温度升至 18℃时，其体积可膨胀 680 倍。此外，液氮是一种不活泼的液体，渗透性差，无杀菌能力，但是 –196℃的超低温可使多数细菌、病毒停止繁殖。

（2）液氮容器

液氮容器包括液氮贮存容器和液氮贮运容器，前者为专门保存冻精用，后者为贮存和运输液氮用。当前冷冻精液专门使用的液氮罐型号有很多，但其基本结构都相同。

内外壳体。液氮罐由内外两层壳体组成，一般采用铝合金制造。

内槽。液氮罐内胆中的空间，内槽底部有底座，供固定提筒用，液氮、提筒和冻精都置于内槽中。

夹层。液氮罐内外壳体间的空隙，为高真空状态。为了增进罐体的高绝热性能，夹层中还装有活性炭、硅胶等绝热材料和吸附剂。

颈管。以绝热黏剂将罐内外壳体连接而成的长管。

罐盖。由绝热性能良好的塑料制成，具有减少液氮蒸发和固定贮精提筒手柄的功能。

提筒。置于罐体内，其底部有多个小孔，以便液氮渗入其中。提筒用于贮存细管、颗粒等各种剂型冻精。

液氮罐是比较精密的容器，它主要依靠保持真空和减少导热维持其正常超低温冷藏功能。为了发挥液氮罐的正常功能、保证使用安全，应注意正确使用和保养液氮罐。检查液氮容器是否完好无损的最简单的方法是触摸盛有液氮的容器盖，感觉它的温度是否低于室温，是否有水蒸气或霜生成。若温度与室温相近，说明质量上乘；若低于室温或出现凝结水蒸气，则其质量已下降；若出现结霜，则说明该容器已损坏，必须立即更换，以免液氮快速挥发，导致贮存的精液报废。同时，对性能正常的液氮容器，也要定期检查液氮的消耗情况，当液氮减少 2/3 时需及时补充。

精液的保存和运输是紧密配合的，只有精液得到有效的保存，才可能进行长距离的运输。精液的包装应妥善严密，要尽量避免高温和剧烈的震动与碰撞。

第三节　输精

输精是人工授精的最后一个技术环节。适时地把一定数量的优质精液准确地输送到发情母畜生殖道内的适当部位，并在操作过程中防止污染，是保证人工授精具有较高受胎率的重要环节。①

一、输精前的准备

认真做好输精前的各项准备工作，是输精操作顺利进行的基本保证。

① 霍金龙，刘丽仙．经济动物生产与疾病防治 [M]. 苏州：苏州大学出版社，2022.

（一）场地的准备

输精场地在输精前应进行环境消毒，通风，保证清洁、卫生、安静的输精环境。

（二）母畜的准备

母畜经发情鉴定后，确定输精适时后，对其进行保定，并进行外阴的清洗消毒。

（三）器械的准备

各种输精用具在使用之前必须彻底洗净严格消毒，临用前用灭菌稀释液冲洗。每头家畜备用一只输精管，如果使用一只输精管给两头以上母畜输精，需消毒处理后方能使用。

（四）精液的准备

常温保存的精液需轻轻振荡后升温至 35℃，镜检活力不低于 0.6；低温保存的精液升温后活力在 0.5 以上；冷冻精液解冻后活力不低于 0.3。

（五）输精人员的准备

输精人员应穿好经过消毒的工作服，指甲剪短、磨光，手及手臂洗净擦干后用 75% 的酒精消毒，必要时涂以润滑剂。

二、不同动物的输精方法与要求

（一）输精的基本要求

1. 输精时间

母畜输精后是否受胎，掌握合适的输精时间至关重要。输精时间是根据母畜的排卵时间，精子在母畜生殖道内获能并保持受精能力的时间等确定的。在生产实践中，常用发情鉴定来确定输精时间。

（1）牛的输精时间

母牛发情一般持续时间短，发现母牛发情安静接受爬跨后的 8 ～ 10h 可进行第 1 次输精，间隔 8 ～ 12h 进行第 2 次输精。生产上牛如果在早上发情，当日下午或傍晚第 1 次输精，次日早上进行第 2 次输精；下午或晚上发情，次日早上进行第 1 次输精，次日下午或傍晚再输 1 次。

初配母牛发情持续期稍长，输精过早则受胎率不高，通常在发情后 20h 左右开始输精。在第 2 次输精前，最好进行卵泡的检查，如果母牛已排卵，一般不必再输精。

（2）猪的输精时间

母猪发情的外部表现特别明显，外阴部长时间红肿，通过外部观察难以确定输精时间。一般在母猪发情后的 24 ~ 48h 内输精 2 次或发情盛期过后仍出现“压背反射”时输精。

（3）羊的输精时间

母羊的输精时间应根据试情确定。每天 1 次试情，在发情的当天及 12h 后各输精 1 次；每天 2 次试情，发现母羊发情后隔半日进行第 1 次输精，再隔半日进行第 2 次输精。

（4）马（驴）的输精时间

如果根据卵泡发育情况来判定，在母马（驴）的卵泡发育的 6 个时期里，一般按“三期酌配、四期必输、排后灵活追补”的原则安排输精时间。排卵后如果黄体还没有形成，输精仍有一定的受胎率；如果根据发情时间来推算输精时间，可在母马（驴）发情后的 3 ~ 4 天开始输精，连日或隔日进行，输精不超过 3 次。

2. 输精量及有效精子数

输精量和有效精子数应视母畜体型大小、产次、生理状况和精液保存方法不同而有所差异。马、猪的输精量一般较大，牛、羊的输精量稍小；体型大、经产、子宫松弛的母畜输精量相对较大，体型小以及初配母畜输精量较小；液态保存的精液输精量比冷冻精液多一些。

3. 输精部位

输精部位与受胎率有关，牛的最适输精部位是子宫颈深部或子宫体；猪、马、驴以子宫内输精为好；羊、兔只需在子宫颈内浅部输精即可达到受胎目的；绵羊冻精应尽量进行深部输精。

（二）输精方法

1. 母牛的输精

（1）阴道开腔器输精法

采用金属或玻璃开腔器将阴道扩大，借助一定的光源，寻找子宫颈外口，然后用一只手将输精管插入子宫颈内 1 ~ 2cm，缓慢输入精液。输精完后取出输精管及开腔器。此法的优点是能直接看到输精管插入子宫颈口内；缺点是操作烦琐，容易引起母牛不适，输精部位浅，受胎率较低，故生产上已不多用。

（2）直肠把握输精法

一只手伸入直肠内，先将宿粪排净，然后把握子宫颈，另一只手持输精器，先斜上方伸入阴道内进入 5 ~ 10cm 后再水平插入子宫颈口，两只手协同配合，把输精器伸入到子宫颈的 3 ~ 5 个皱褶处或子宫体内，慢慢注入精液。输精过程中不要把握得太紧，要随着母牛的摆动而灵活伸入。直肠内的手要把握子宫颈的后端，并保持子宫颈的水平状态。输精枪要稍用力前伸，但要避免盲目用力插入，防止生殖道黏膜损伤或穿孔。

此法的优点是：用具简单，操作安全，不易感染；输精输入部位深，不易倒流，受胎率高；母牛无不良反应；能防止给孕牛误配，造成人为流产，是目前冷冻精液输精唯一可靠的方法。

2. 母猪的输精

母猪的阴道部和子宫颈结合处无明显界限，输精较容易插入。输精时，把输精管涂以少量润滑剂，插入阴道内，先斜上方伸入，避开尿道口后再平直前进，边旋转边进入子宫，当遇到阻力时，将输精管稍向后拉，然后再向前伸入。胶管达到子宫后，接上精液瓶，缓缓将精液挤压流入子宫。精液温度不要低于 25℃，否则不能刺激子宫收缩造成精液倒流。如遇到母猪不安或来回走动，可停止注入精液，待安抚稳定后再继续输精。输精完毕后，慢慢抽出输精管，按压母猪背腰部片刻，以防精液倒流。

3. 母羊的输精

绵羊和山羊都采用阴道开张器法输精，其操作与牛相同。由于羊的体型较小，为使输精操作方便，提高效率，可在输精架后设置一个坑，或安装可升降的输精台架。在一些地区，有人采用由助手抓住羊后肢，使其倒立保定，也较方便。

4. 母马（驴）的输精

母马（驴）常用胶管导入输精法。母马的输精器由一条长 60cm 左右、内径为 2mm 的白色橡胶管和一个注射器组成。输精时左手握住玻璃注射器，右手握住胶管尖端隐藏在手掌中，慢慢伸入阴道内，手指触到子宫颈口后，用食指和中指撑开子宫颈，将输精管插入子宫内 10 ~ 15cm，提起注射器，使精液自然流入或轻轻压入。输精完后，缓慢抽出输精管，并轻轻按压子宫颈使其合拢，防止精液倒流。

参考文献

[1] 褚晓峰 . 实验动物应用研究学 [M]. 杭州：浙江工商大学出版社，2018.

[2] 达能太，李国中 . 动物中毒病防治手册 [M]. 银川：宁夏阳光出版社，2015.

[3] 邓宇 . 动物疫病分子诊断技术 [M]. 成都：四川大学出版社，2013.

[4] 符世雄，陈祖鸿，孙新明 . 兔人工授精技术研究进展 [J]. 中国草食动物科学，2022（2）：52–55.

[5] 符世雄，叶方 . 动物繁殖技术 . 北京 [M]. 北京：中国轻工业出版社，2022.

[6] 郭青春，冯瑞祥 . 家畜繁殖技术 [M]. 南昌：江西高校出版社，2018.

[7] 黄爱君 . 提高母猪受精率的关键措施 [J]. 中国畜禽种业，2020（6）：101.

[8] 霍金龙，刘丽仙 . 经济动物生产与疾病防治 [M]. 苏州：苏州大学出版社，2022.

[9] 江中良，李青旺 . 畜禽繁殖与改良 [M].3 版 . 北京：高等教育出版社，2021.

[10] 李彩虹，颜邦斌 . 动物诊疗技术 [M]. 成都：西南交通大学出版社，2015.

[11] 李凤玲 . 动物繁殖技术 [M]. 北京：北京师范大学出版社，2018.

[12] 李井春，曹新燕 . 动物生殖学理论与实践 [M]. 北京：化学工业出版社，2016.

[13] 刘建柱，牛绪东 . 猪病鉴别诊断图谱与安全用药 [M]. 北京：机械工业出版社，2017.

[14] 卢铁华 . 母羊分娩与产后母子护理技术 [J]. 养殖与饲料，2023（7）：32–34.

[15] 陆金春 . 生殖医学实验室诊断 [M]. 南京：东南大学出版社，2020.

[16] 石万宏，杜子明，王统一 . 固原农业与草畜产业 [M]. 银川：宁夏人民出版社，2007.

[17] 舒黛廉 . 动物病原微生物检测技术 [M]. 郑州：黄河水利出版社，2014.

[18] 王茂森，薄玉琨，李林，等 . 畜牧业产业化经营基本理论与创新发展 [M]. 银川：宁夏人民出版社，2020.

[19] 王茂森，郭健，逯春香 . 兽医传染病学研究 [M]. 银川：宁夏人民出版社，2020.

[20] 武俊海 . 犬的保定与防护 [J]. 江西畜牧兽医杂志，2010（2）：34–36.

[21] 徐晓锋，张力莉 . 奶牛营养代谢与研究方法 [M]. 银川：宁夏人民出版社，2016.

[22] 杨雪楠 . 犬尿石症病案分析 [D]. 乌鲁木齐：新疆农业大学，2019.